STEVEN EHRLICH ARCHITECTS

国外花园别墅设计集锦

花园别墅 7

斯蒂文·埃尔利希建筑师事务所

[美] 迈克尔·韦伯 编著

王建国 译

宁静中蕴涵着动感

中国建筑工业出版社

This book is dedicated to my loving mom, Betty Ehrlich, 1921-2000.

STEVEN EHRLICH ARCHITECTS

A DYNAMIC SERENITY

MICHAEL WEBB

著作权合同登记图字：01-2002-4833 号

图书在版编目（CIP）数据

花园别墅 7/ 斯蒂文·埃尔利希建筑师事务所　[美] 迈克尔·韦伯编著；王建国译.—北京：中国建筑工业出版社，2003

（国外花园别墅设计集锦）

ISBN 7-112-05532-6

Ⅰ.花…　Ⅱ.①迈克尔·韦伯…　②王…　Ⅲ.别墅 － 建筑设计 － 图集　Ⅳ.TU241.1 C4

中国版本图书馆 CIP 数据核字(2003)第 022082 号

Copyright © The Images Publishing Group Pty Ltd
All rights reserved.Apart from any fair dealing for the purposes of private study,research,criticism or review as permitted under the Copyright Act,no part of this publication may be reproduced,stored in a retrieval system or transmitted in any form by any means,electronic,mechanical,photocopying, recording or otherwise,without the written permission of the publisher.
and the Chinese version of the books are solely distributed by China Architecture & Building Press.

本套图书由澳大利亚 Images 出版集团授权翻译出版

责任编辑：程素荣

国外花园别墅设计集锦
花 园 别 墅 7
斯蒂文·埃尔利希建筑师事务所
[美] 迈克尔·韦伯　编著
王建国　译

*

中国建筑工业出版社出版、发行(北京西郊百万庄)
新 华 书 店 经 销
北京嘉泰利德公司制版
恒美印务有限公司印刷厂印刷

*

开本：220mm × 300mm
2003 年 8 月第一版　2003 年 8 月第一次印刷
定价：**118.00** 元
ISBN 7-112-05532-6
TU · 4860(11150)

版权所有　翻印必究
如有印装质量问题，可寄本社退换
(邮政编码 100037)
本社网址：http://www.china-abp.com.cn
网上书店：http://www.china-building.com.cn

前言
PREFACE

住宅（别墅）设计是我最能发挥潜力的个人专业生涯之一。在开业的最初十年中，住宅项目占了绝大多数，并且至今仍是我工作的重要组成部分。我一直喜欢去发现并称赞每位客户及每块场地的特质，甚至当我崇尚简洁明快思想的设计方法开始变得稳定时也是如此。尽管某些设计有些复杂，但我还是从最直接的建筑学概念出发。

我对住宅的看法有许多源自非洲。大学毕业后在非洲的六年旅居中，通过实践、教学及对建筑的考察，我开始欣赏这块大陆"没有建筑师的建筑"中所体现的明确的建筑目的。非洲住宅简单、直接、生态，它们顺应了当地的气候，并被精心地建造于土地上。在非洲、拉美及亚洲的旅行激发了我对乡土传统的欣赏，这就是我所说的"建筑考古"。

作为一位生活与工作在南加利福尼亚州的建筑师，相比非洲的建造者来说，我面临的是一个完全不同的环境，也受到更多的挑战。从飞机上俯视，洛杉矶纵横交错的街道与高速公路像一块巨型电脑芯片平置于大地。这两者的相似之处不仅来自形象上，还在于洛杉矶是一块数字时代的圣地，它完全顺应了未来。这个城市即时反映新信息的无限能力，成为变革的温床。我的工作吸收并反映了这个城市快节奏和运动的精神。

我的住宅设计继承了理查德·纽特拉和鲁道夫·辛德勒在居住作品中所倡导的加州现代主义血统。这两位先驱消除了室内外的界限，让我们最大限度享受到了我们宜人的气候。我的作品将现代主义与"全球地方主义"融合在了一起，这种设计方法在反映地方传统、种族及环境的同时，完全采用了新技术。最近，我正在潜心研究形体与空间转变的可能性。通过活动因素，简单而狭小的空间可以转变为多样的环境。一间屋子的散光通气或关闭完全可以根据日常与季相变化或个人情绪而变化，而不是用技术的"体力"去征服环境。

建筑毕竟是为人服务的。我们正是在家里与自然、他人和自我取得再联系。世界越变越小，我们的生活节奏却不断加快，使住宅成为我们的庇护所、一个充实灵魂的安宁环境的要求就比以往更为重要。

我对建筑更高目标的追求是让人们共同住在优美的地方，它将引导我今后的工作。

斯蒂文·埃尔利希，加利福尼亚州威尼斯市，2002 年

目　录
CONTENTS

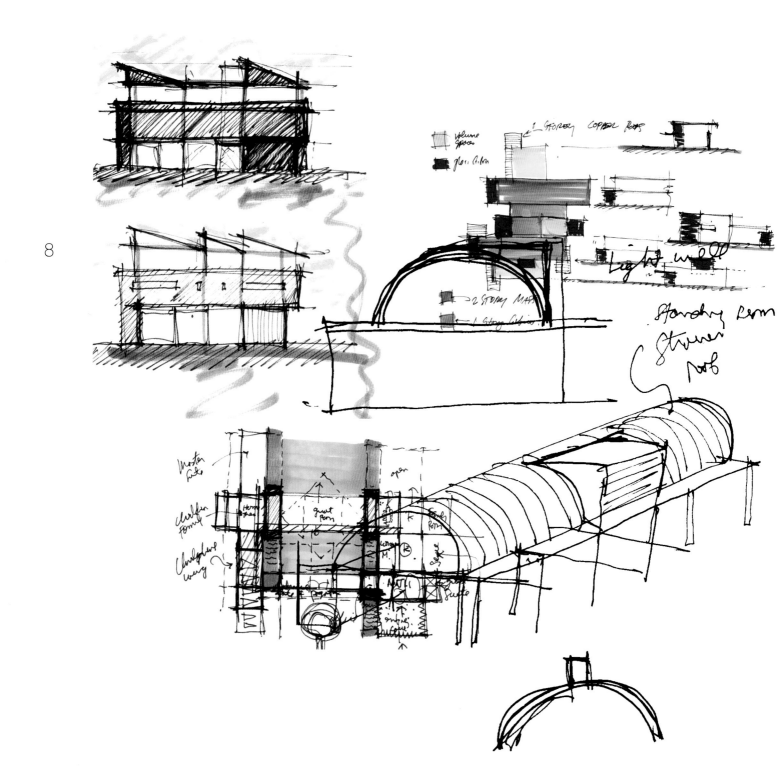

引 言
INTRODUCTION

斯蒂文·埃尔利希在洛杉矶开业的20年中,在总体规划、商业改造、艺术家工作室、学校、大学、图书馆、零售店及办公室等各种项目中获得了赞誉。这些项目体现了思想的一致性以及表达的多样性。但这似乎不能使这个30人的工作室满足,他们设计建造了50多处住宅——大多都是近来与负责人詹姆士·施密特合作完成的。对他及他的众多同事来说,这些都是对他们工作的最好回报。"他们在设计中注入了许多情感,但就回报而言这是值得的。"他说,"每一个项目都反映场地及业主的特质——通过房子你能感受到非常个人化的参与感。"

好的客户明确自己的需要,选择能仔细聆听他们要求的建筑师,能直觉地领会什么不应说,然后让建筑师们寻找能表达实际需求与私人感情相互交织的最佳方式。埃尔利希得到了那些欣赏他技艺与敏感性以及鼓励他超越自我的客户们的称赞。他设计的住宅宁静而智慧地表达了基于场地、气候与文脉的原则性和现代性思考。虽然其每一项都是他及他崇敬的建筑师们曾经探索过的主题变化,但却更前进了一步。这些作品吸收了他的不同文化经历以及那些今天仍然有效或不可行的基本教训。"尽管你不想下一步重复自己,但是你也不需要试图斩断这种联系,背离你自己是谁。"他解释说。

通过过去十年已建成或已开工的项目,本书展示了建筑师是如何在继承与创新之间取得平衡的。本书所遴选的三组项目,每一组代表一个不同的主题:狭窄城市场地的设计;现有住宅的改造和扩建;以及那些有意设计用来影响环境景观的住宅。斯蒂文·埃尔利希作品表明,即使是简单的设计理念也可以丰富人们的日常生活、取悦户主及所有使用过它的人。

精 选 作 品
SELECTED WORKS

埃尔利希住宅
EHRLICH HOUSE

　　建筑师的私宅不仅可用作为朋友和家人休憩的幽雅避风港，而且可以向志趣相投的客户展现他本人的设计理念。埃尔利希在威尼斯海边社区为自己设计的住处则兼而有之，该建筑是他自1979年起从事建筑创作的纪念物（当时在一所重新翻修过的工匠房子中，现在已为另外一位富有冒险精神的建筑师所拥有），同时也展现了他从那时起发展起来的设计理念。与他12年前在圣莫尼卡峡谷为家人所设计的山地住宅比起来，这座住宅虽然显得较为狭小和压抑，但它充分显示出如何在三面环绕街道，服务性小巷，并处于一个外围如此密集狭小的场地上所能获得的最大可能性。另外一个挑战的成功就是当建筑师以比较紧的预算设计学校和货栈时，仍然取得了建筑丰富性和协调性。这所房子将室内外融为一体，充分利用从院落到阳台的每层空间。埃尔利希将其描述为一个"聚会场所，在这里可以接待朋友，同时也是一片陶冶心灵的幽谷"。

　　埃尔利希设计的每个作品中都充满了社会性和精神性的结合，他主要的生活工作经历都在摩洛哥，尼日利亚，日本，特别是在集中体现他生活情感，也是他多数设计作品所在的南加利福尼亚并受其影响。几乎所有的建筑师都会通过旅游来寻求灵感，而且总是手持速写本或是照相机去欧洲，而埃尔利希进行的则更深入，呆得时间也更长，他将自己融入所研究国家的文化之中——诸如作为和平委员会的志愿者前往非洲，后来又应邀设计东京展览厅而前往日本。因此他的作品不仅结合了他所看到和感觉到的表面东西，更重要的是融入了隐藏其中的哲学底蕴。无论是他设计的公共作品，还是为自己设计的住宅，都将重心放在了院落和室外的生活环境上，以此来促进人与自然间的相互接触，营造一种平和的环境。他设计的房子除了简洁之外，还考虑了建筑平面的变化、粗糙与精细材料的并置，再加上自然通风和光线变化，所以其设计显得生动活泼。所有这些特点同洛杉矶宜人的气候和惬意的生活方式密切相关，R·M·辛德勒70年前也发现了这一点。辛德勒是进步的洛杉矶建筑师中的"场所精神"所在，也是设计思想和细部的无穷源泉。埃尔利希的作品从辛德勒那里吸收了许多养分。他正在为家人设计的住宅同1926年的洛韦尔海滩别墅有着密切关系，如在其垂直面上后部体量与前部开放空间之间的位移，高大的起居空间与低矮顶棚的休息长廊之间的戏剧性对比等。

　　当然他们之间也有许多很大的不同：辛德勒将其生活空间置于高出沙滩一层左右的巨大混凝土框架上，并大胆地将之暴露在长长的临街面上。埃尔利希的木制框架结构则紧贴着大地，一排竹篱将其两个开放性的立面与街道隔开，其表现力来自于粗糙和光滑表面的对比。富于质感并开着狭窄洞口的混凝土饰面墙将建筑与东侧的住宅隔开，并提供艺术性的背景。其它实墙面则对着钢构架上悬挂的未经防锈处理的钢制百叶，这些百叶主要用来遮挡西晒阳光。楼梯向上直至夹层的一对休息阁楼，一座玻璃廊桥跨越起居室，并通向直达二楼主卧室及学习室的另一梯段，在两层铁制框架下则设置了平台。单坡屋顶断面倾斜用作线形的天窗。

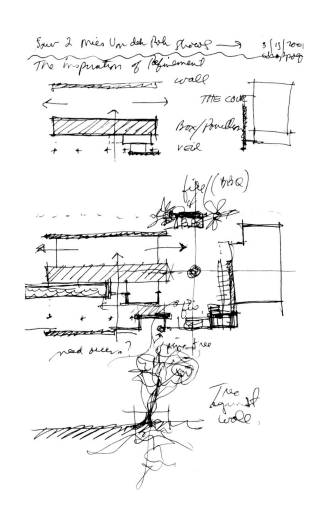

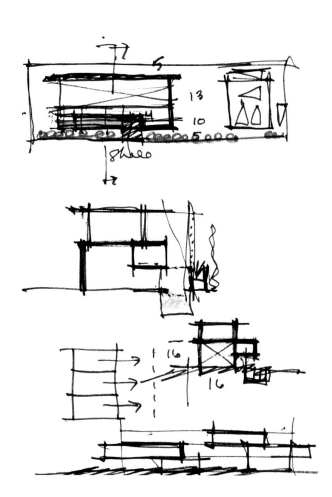

14

屋子里弥漫着强烈的日本风格。狭窄的院落展示一副美景，尤其当百叶放下时，竹篱在白色的条纹棉布上投影出移动变幻的光影。镶嵌在起居空间地板上的长方形复合板可以升起，因而，就餐者可以在此用餐，并使人们看到同一标高的泳池。室外则处理成开放平面室内空间的一部分。

能量的保护非常令人关注。15英尺高的起居室／餐厅三面敞开，经隐藏的玻璃门通向北面，通往泳池垫板的玻璃滑动装置被置在铁构架下，经过旋转钢门可以到达院子和场地南端的独立的工作室／客房。在这种设计中，建筑成为优美轻巧的遮阴物，海风拂过，可自然通风，无需空调设备。混凝土板在冬季可以吸收太阳热量，且光电池有利于地板取暖。

这里，建筑师的目标是使生活与自然和社会协调共存，这一目标可以持久吸引艺术家并倡导一种自由精神，同时该建筑形成了一个新的城市邻里街区，人们漫步闲逛穿过几个街区便可以拜访朋友。这是他在加利福尼亚州威尼斯设计的第八座住宅建筑，也是系列作品中最新的一个，这些

住宅所处理的都是都市中的狭小地块，这里以前曾是一片放荡不羁的贫民窟，在满足强制性的高度和后退的限制后，你可以建你想要的任何东西。

加利福尼亚州威尼斯具有令人激动、兴奋活跃的特点；画廊、饭店、俱乐部蓬勃发展，而且它临近海滩——一个巨大的每个人都可享用的开放空间。然而，随着快速的现代化进程和价格的不断攀升，木构村舍逐渐为成排的建筑街区所替代，地产建造商利用规则的每一个漏洞极力扩大用地范围。

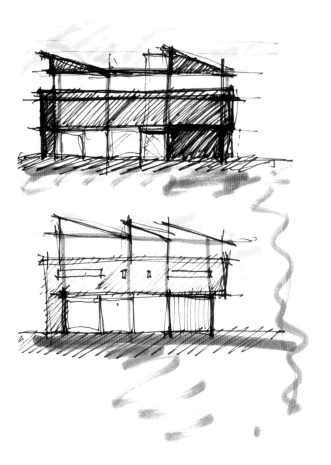

　　埃尔利希的设计策略是切割一个盒子，使得开放与封闭的区域相互渗透，模糊界限以营造空间的变化效果。他提到要创造一种"可变化的环境"，其中触摸一下按钮便可开放或是关闭内部区域，以此来适应每一种气候条件，从而事倍功半。从狭窄空间到高大空间的变化以及通过空间的运动，可以增强住户对居住环境的感知度，只有如此，他们才会更加重视内部质量，而不仅仅只是着眼于面积的大小。这十分有利于纠正美国人崇尚宏大的风气。

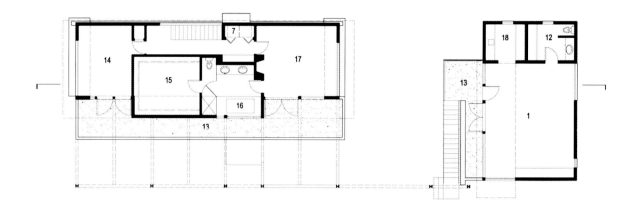

16

1，起居空间
2，泳池
3，入口
4，化妆室
5，餐厅
6，厨房
7，洗衣房
8，贮存
9，车库
10，廊桥
11，卧室
12，卫生间
13，平台
14，书房
15，贮存
16，主卫生间
17，主卧室
18，小厨房
19，上空

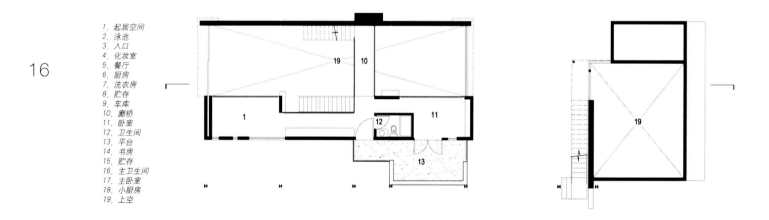

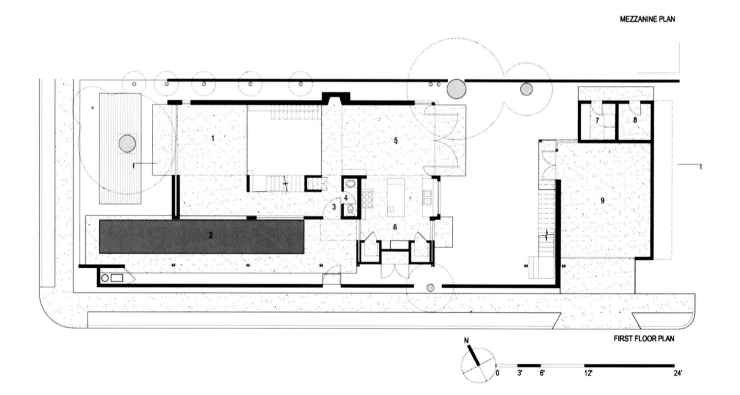

N

0　3'　6'　12'　24'

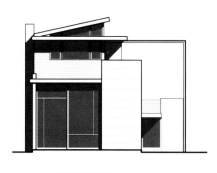

WEST ELEVATION

EAST ELEVATION

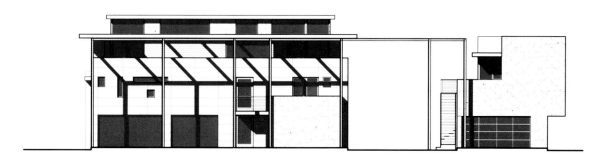

SOUTH ELEVATION

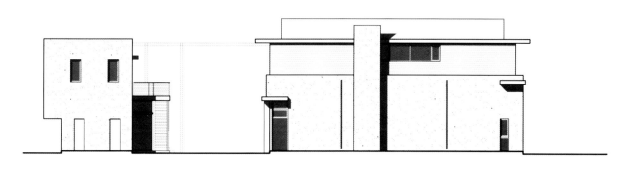

NORTH ELEVATION

SECTION

0   3'   6'   12'   24'

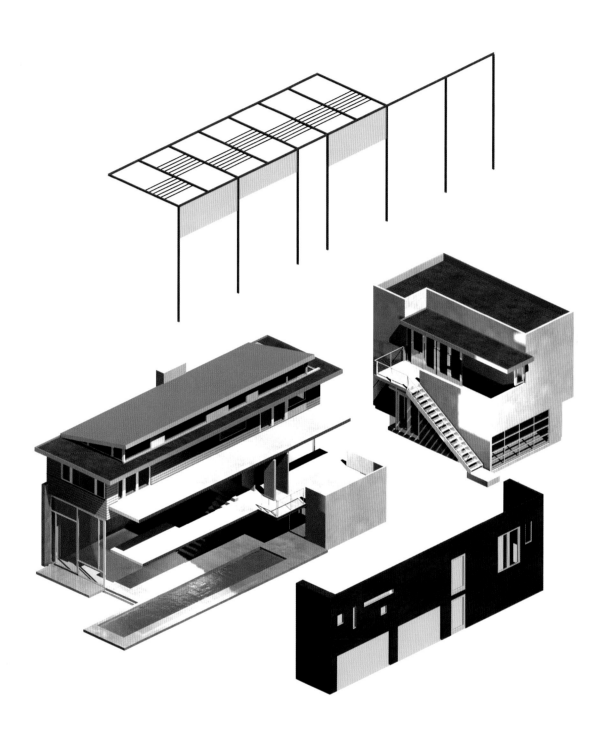

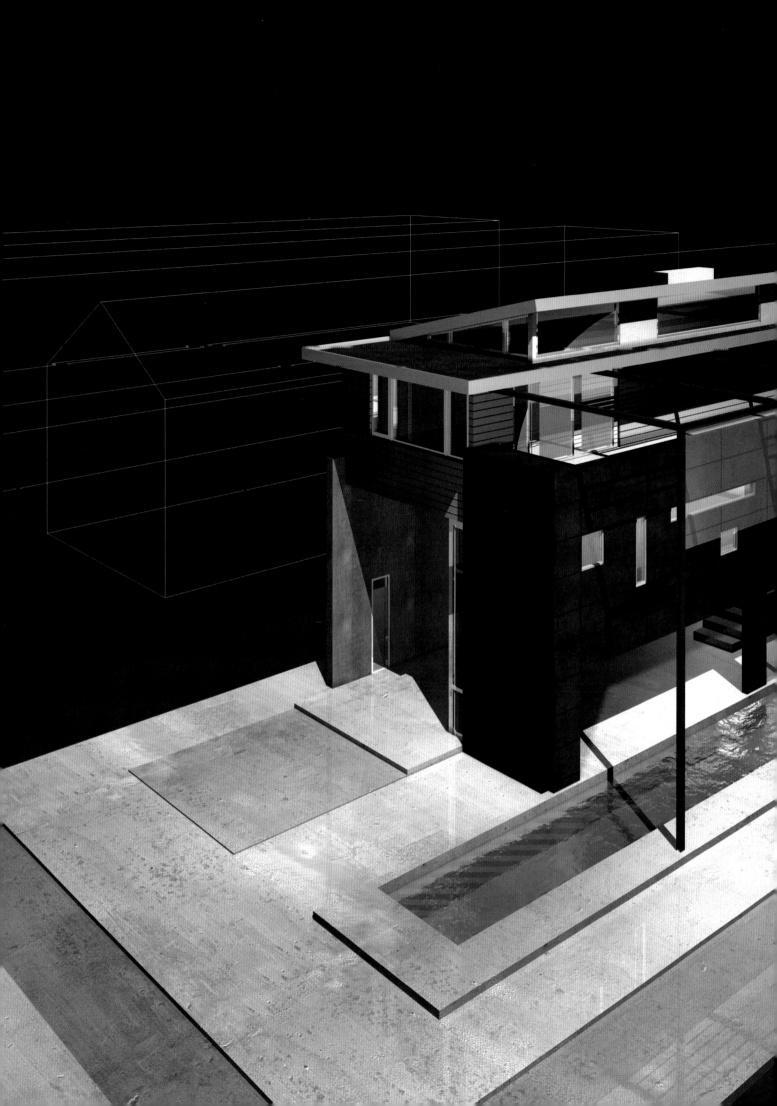

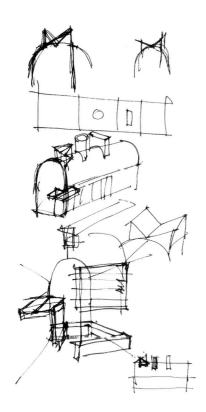

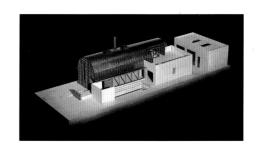

FARRELL HOUSE

法雷尔住宅

今天，埃尔利希许多设计思想的发展，都来自他早期在威尼斯的法雷尔(Perry Farrell)住宅设计中的探索。法雷尔作为一名当红的摇滚音乐家，他的主要时间都花在了飞机、旅店客房、音乐厅、演出、录音、制作《杰出人物》(Lollapalooza)和参加其他新颖的节日庆典上了，因此他需要一个休息的场所，在里面可以和朋友休闲娱乐，还可以一起冲浪。埃尔利希本人以前也是四处奔走，因此他直觉地领会到客户对安静和纯净的渴望，所以一种吸收传统花园住宅观念的设计很快获得允许。法雷尔的住宅临街面似乎有点不可思议：宽阔的、覆以网格压条的弧形黑色胶合板被一格有意设计的彩色玻璃所打破，门则凹入墙体；不对称红色木条与折回的侧檐槽交叉，就如同是系在一个形状怪异的包裹上的丝带，建筑旁的草地上散布着石块，右侧入口是一堵低矮的紫墙，顶上则搭了一排红色的构架。在黑墙的一边，埃尔利希在早先这片场地的村舍抬高的基础上，建造了他所描述的类似巴西

利卡式的圆形拱顶物，小溪环绕流经基地，他还保留了后面的一个卧室，专门提供给客人使用。但其他设计都是新的，所有这些通过一条终止于一个独立车库的、强有力的中轴线统一起来，该车库模仿房子的侧面，与雕塑工作室酷似。占据整座房子前半部分的大房间经过一组隐藏的玻璃滑动装置通往泳池，这使得其面积扩大了二倍，用墙围合的院子也可作为室外起居室来使用。室内则处理成一个独立的空间，拥有一间铺有瓷砖的厨房，一张从一圈槭树坐凳升起的带有亚洲风格的桌子，这一空间一直通向壁炉附近的会客室和尽端开敞的夹层休息画廊。

具有强烈质感的材料丰富了简洁的形体。红色的饰带与竖线条的金属屋顶和年久褪色的粉刷形成对照。前面和侧面的门都是采用镀层金属材料，室内的门则带有一层半透明的丝绸格，上面印

有漂浮在风中的裸体人物像。拱顶则是曲线形槭木外包的胶合板并呈线性排列，同时，它也可用来作为书架和储藏柜，并以深色加以点缀。在泳池四周采用了光滑的混凝土，里面则为水磨石图案的油布，蓝色和黄色的瓷砖分外醒目。该建筑处在一个充满欲求同时又有禁忌的环境中，尽管它与周边相对隔绝，但仍然是城市中寻求威尼斯自由精神的一块绿洲。

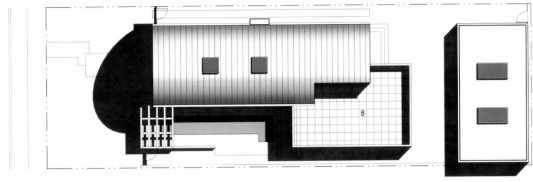

ROOF PLAN

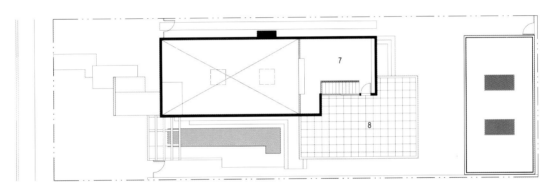

SECOND FLOOR PLAN

1. KITCHEN
2. DINING AREA
3. LIVING ROOM
4. BEDROOM
5. MASTER BATH
6. STUDIO
7. LOFT
8. ROOF DECK

1. 厨房
2. 餐厅
3. 起居室
4. 卧室
5. 主卫生间
6. 工作室
7. 阁楼
8. 屋顶平台

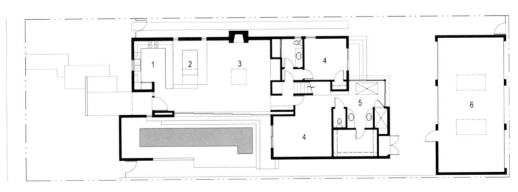

FIRST FLOOR PLAN

韦伯斯特住宅
WEBSTER HOUSE

　　埃尔利希和施密特合作为一对年轻澳大利亚夫妇设计的住宅也表达了他们对狭小地块的处理方法。这块狭窄的长方形用地从南侧的步行街延展而来,与北面的服务性小巷有五英尺高差,这种坡度上的变化,使得建筑师可以在限高范围中将车库安排在两层多功能水平楼层下。后面的书房通过沿着东侧屋脊的阶梯状服务区域与位于步行街上方的起居室和主卧室相连,西侧则为带有游泳池的内院。"工"形钢梁结构的车库卷帘门位于前部体块,形成一个延伸至生活区的开放轴,该轴线穿过院子,一直上伸到楼梯段,并通过另外一道卷帘门到达后面的书房。

　　埃尔利希说:"封闭的空间可以做得具有渗透和开放性",即"以小获大"。增强空间流动性的简单方法是在楼梯台阶和通廊使用钢制栏杆,看起来就像是悬浮在屋子中央的高大虚空间,它沐浴在自上而下的光线里,并通向屋顶的平台。屋顶平台设施齐全,可以作为聚会场所。在这座建筑里,人们视线可达近邻屋顶,并可以看到大海和群山,这时人们还可发现这所房子就像是一朵花,它正在冲破黑暗的阴霾寻找阳光。当然,所有这些开放性的感受大部分都是在公众视野之外获得的。

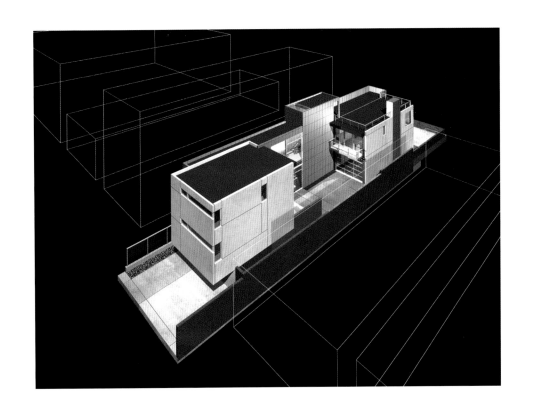

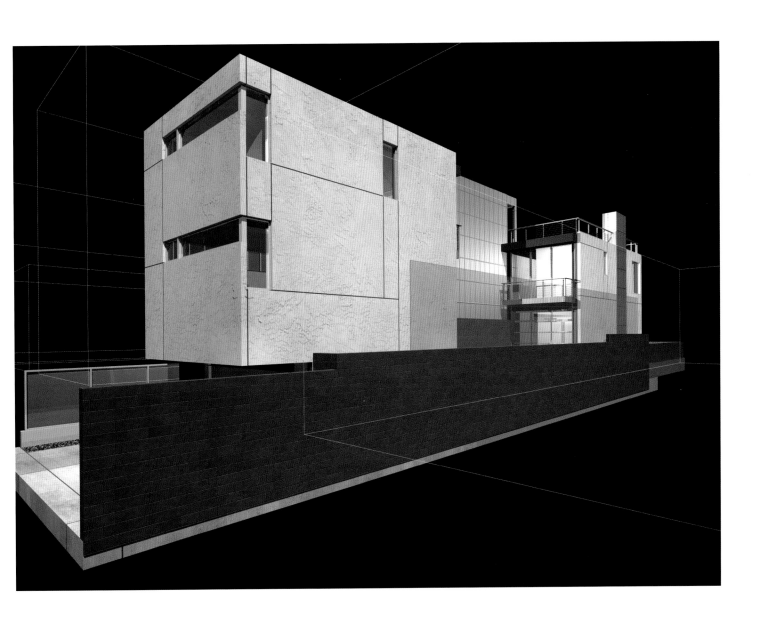

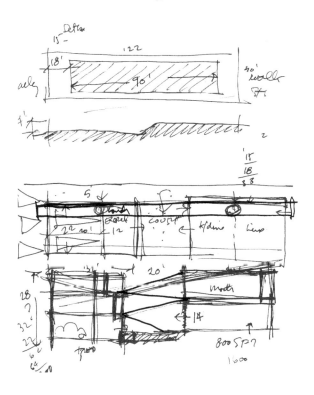

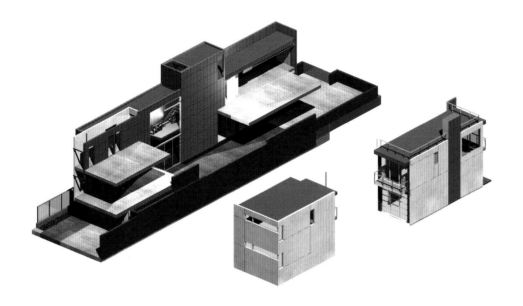

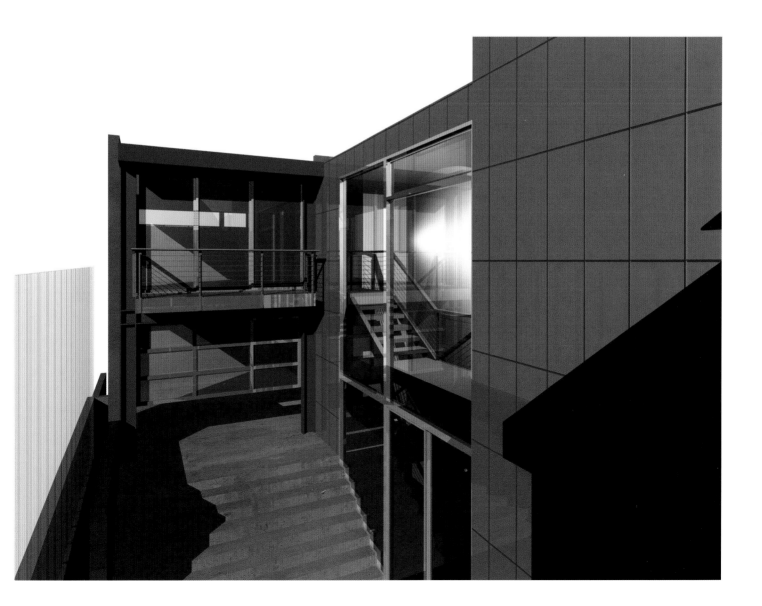

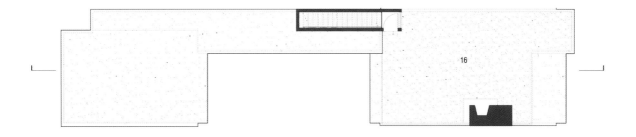

ROOF PLAN

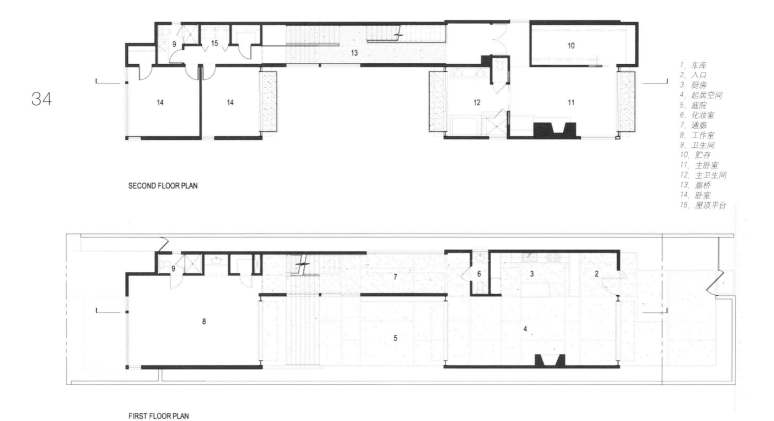

SECOND FLOOR PLAN

1. 车库
2. 入口
3. 厨房
4. 起居空间
5. 庭院
6. 化妆室
7. 通廊
8. 工作室
9. 卫生间
10. 贮存
11. 主卧室
12. 主卫生间
13. 廊桥
14. 卧室
15. 屋顶平台

FIRST FLOOR PLAN

BASEMENT PLAN

1. GARAGE
2. ENTRY
3. KITCHEN
4. LIVING SPACE
5. COURTYARD
6. POWDER ROOM
7. GALLERY
8. STUDIO
9. BATHROOM
10. CLOSET
11. MASTER BEDROOM
12. MASTER BATHROOM
13. BRIDGE
14. BEDROOM
15. LAUNDRY
16. ROOF DECK

N   0 2' 4'   8'   16'

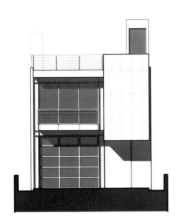

EAST ELEVATION

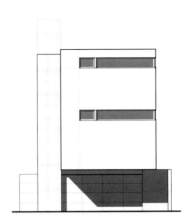

WEST ELEVATION

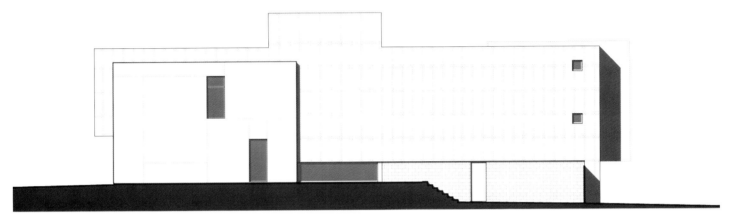

NORTH ELEVATION

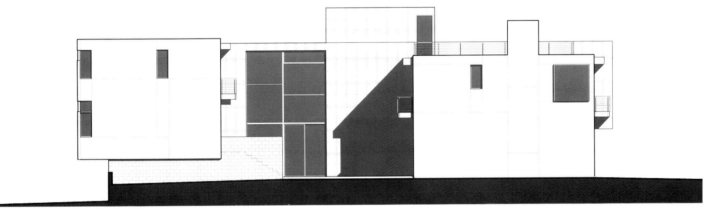

SOUTH ELEVATION

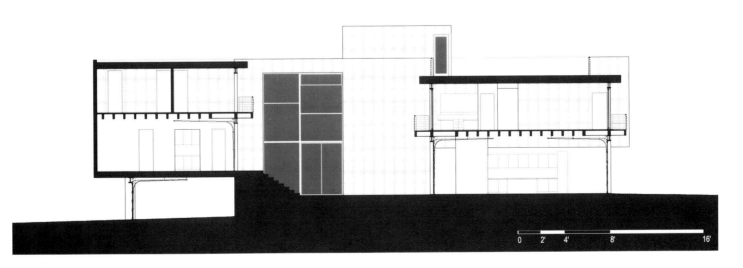

0 2' 4' 8' 16'

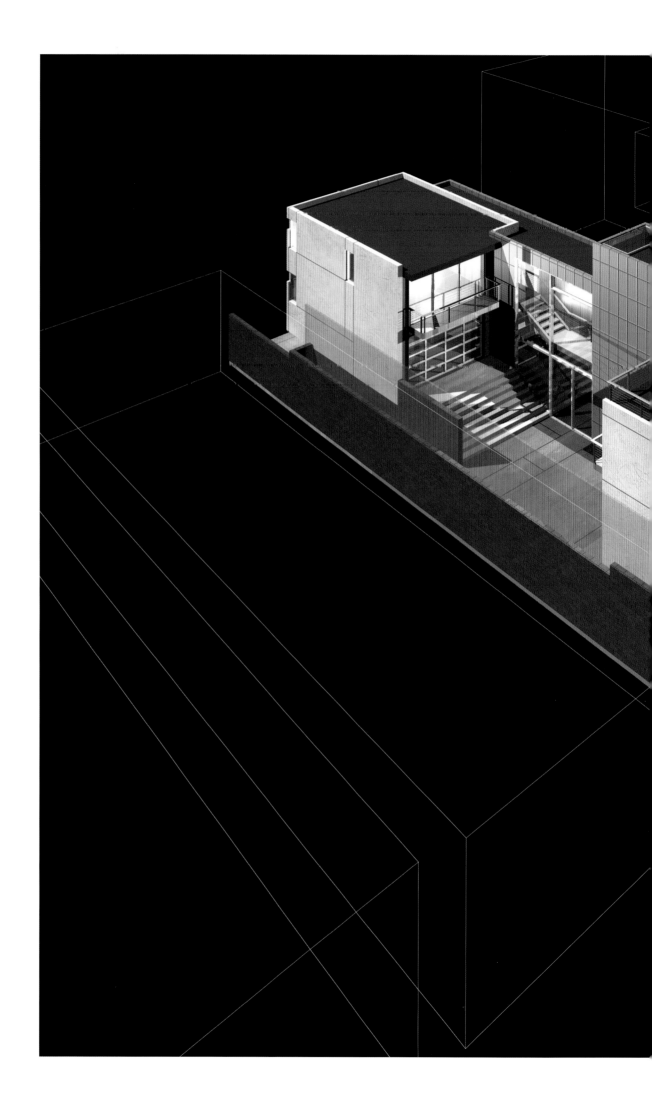

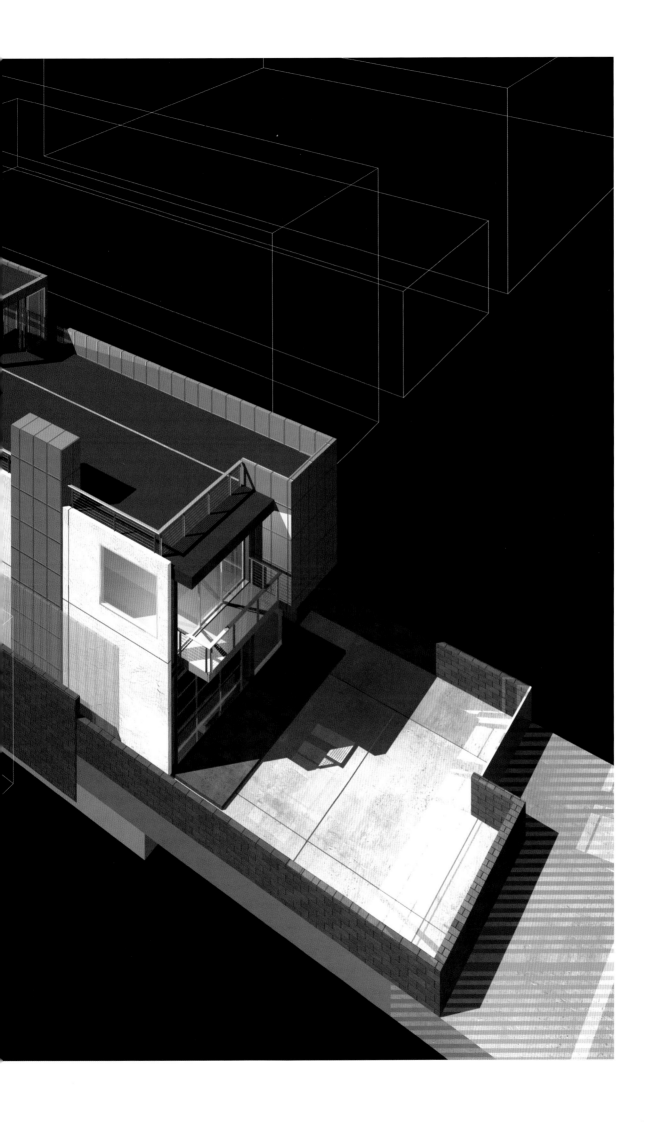

罗耶住宅
ROYER HOUSE

这是位于加利福尼亚州威尼斯的一座视线两面可达的新住宅,设计时考虑了与毗邻社区的积极关系,该社区位于一组由六条运河组成的城市格网中,事实上,这六条运河在一个世纪前社区形成之初就已存在。狭长的用地从后面的服务性通道伸展向沿着水路的步行道,而设计的挑战在于:通过狭窄的退台使两侧都有光线,同时,在不牺牲私密性的情况下而保持外立面开口的平衡性。因为罗耶是在两条运河交界处获得这块尽端空地,所以埃尔利希和施密特充分利用了这一点。他们在拐角处设计了一座两层的玻璃房,通过机械滑道与前院相通。埃尔利希谈起这块转角用地时认为:退台提供了一个平台,屋顶可以用瓷砖铺砌以增加高度,而且建筑物立面粉刷覆以白色的波纹状铁构件。这种源自运河涟漪联想的波纹饰面,玻璃面反射扩展的空间和阳台处理,有效减少了这一3000平方英尺(约280平方米)的建筑体量。

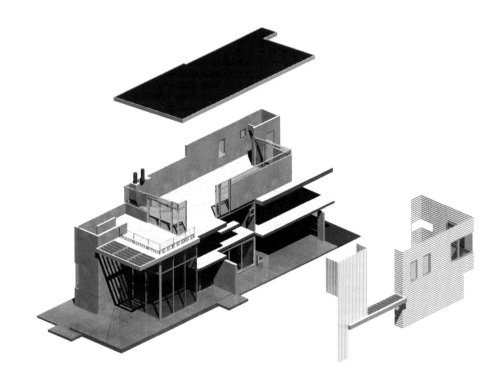

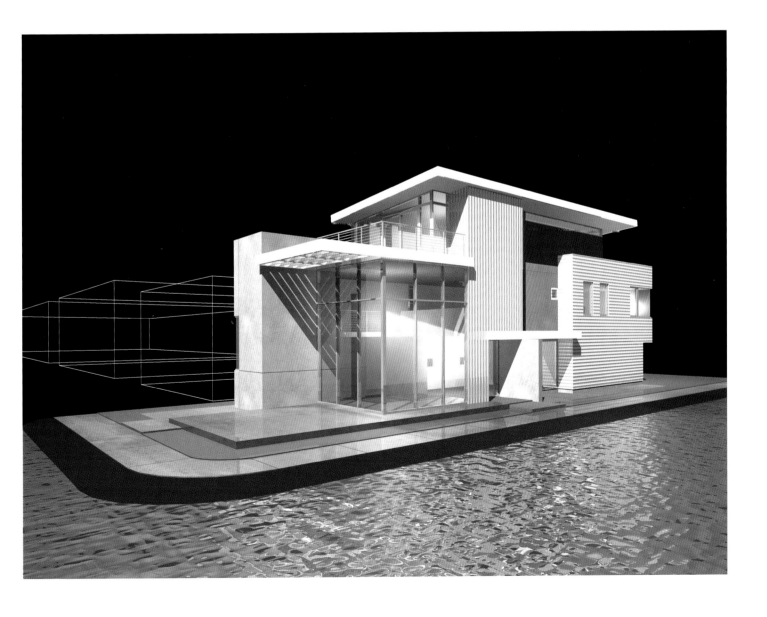

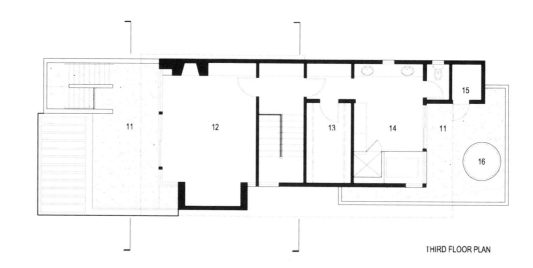

THIRD FLOOR PLAN

1. 起居室
2. 入口
3. 餐厅
4. 化妆室
5. 厨房
6. 车库
7. 书房
8. 洗衣房
9. 卫生间
10. 卧室
11. 平台
12. 主卧室
13. 衣物贮存
14. 主卫生间
15. 贮存
16. 温泉池
17. 上空

1. LIVING ROOM
2. ENTRY
3. DINING ROOM
4. POWDER ROOM
5. KITCHEN
6. GARAGE
7. LIBRARY
8. LAUNDRY
9. BATHROOM
10. BEDROOM
11. DECK
12. MASTER BEDROOM
13. CLOSET
14. MASTER BATHROOM
15. STORAGE
16. SPA
17. OPEN TO BELOW

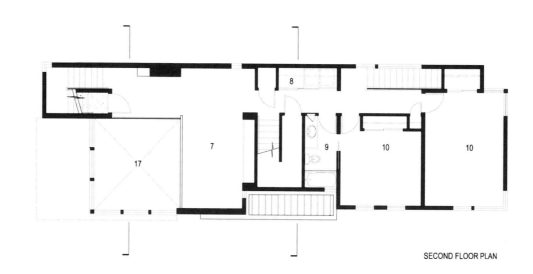

SECOND FLOOR PLAN

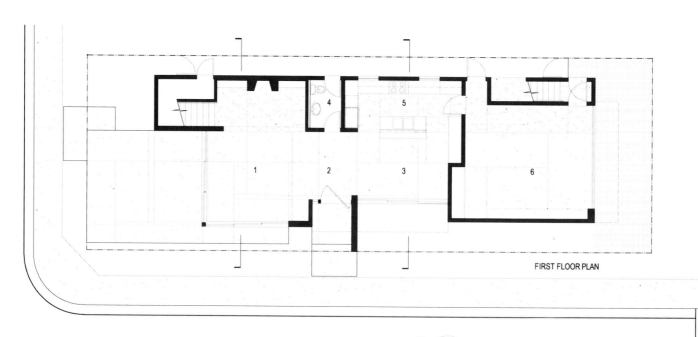

FIRST FLOOR PLAN

N

0 2' 4'   8'   16'

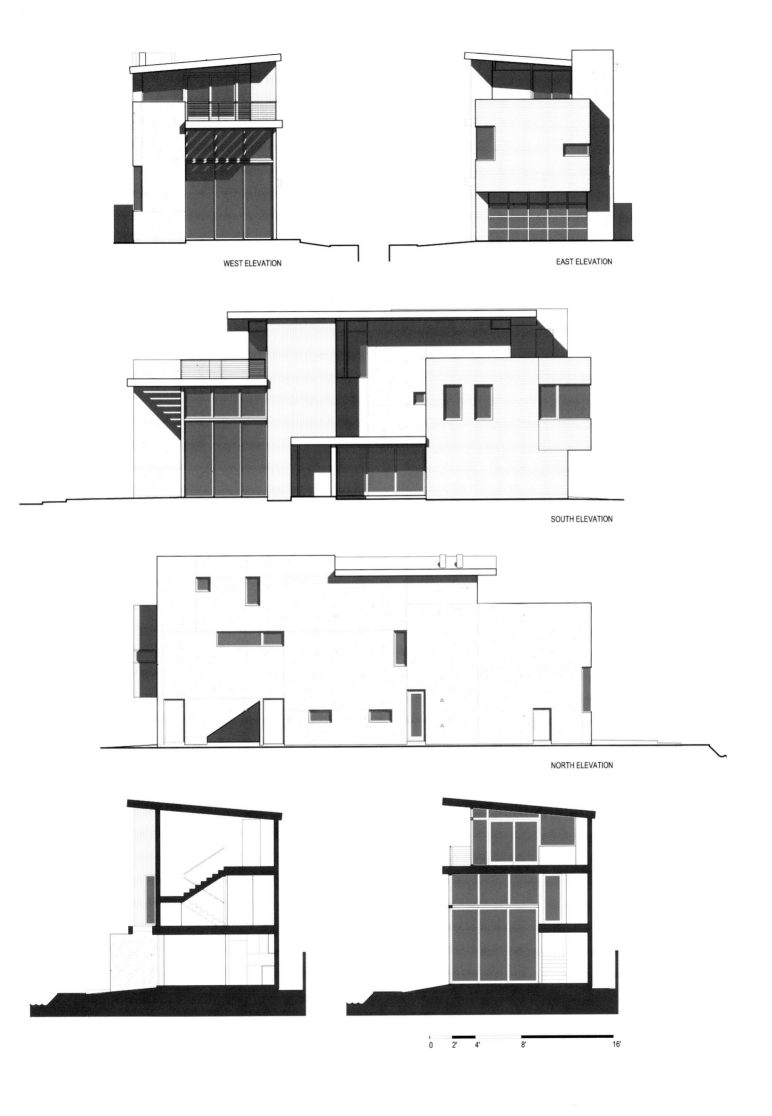

WEST ELEVATION

EAST ELEVATION

SOUTH ELEVATION

NORTH ELEVATION

0   2'   4'   8'   16'

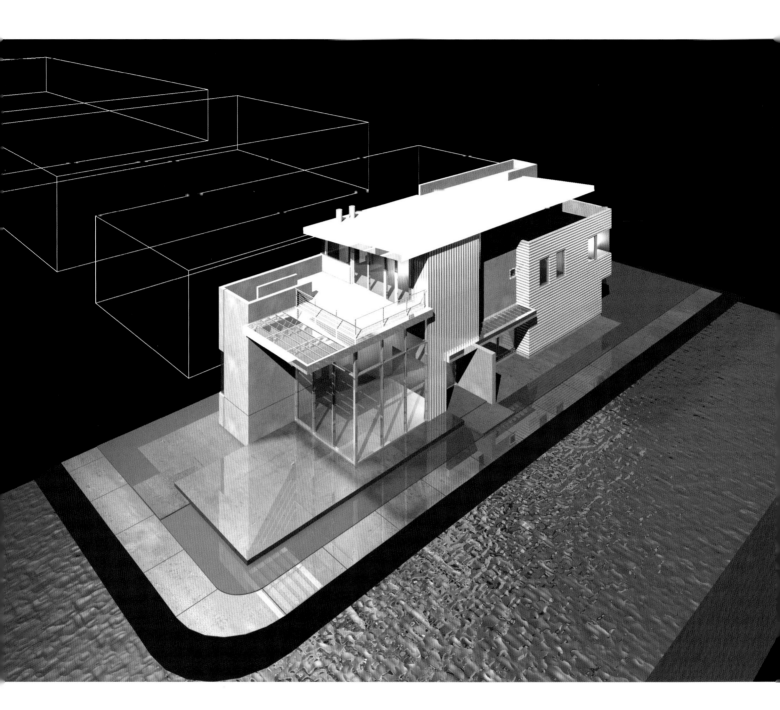

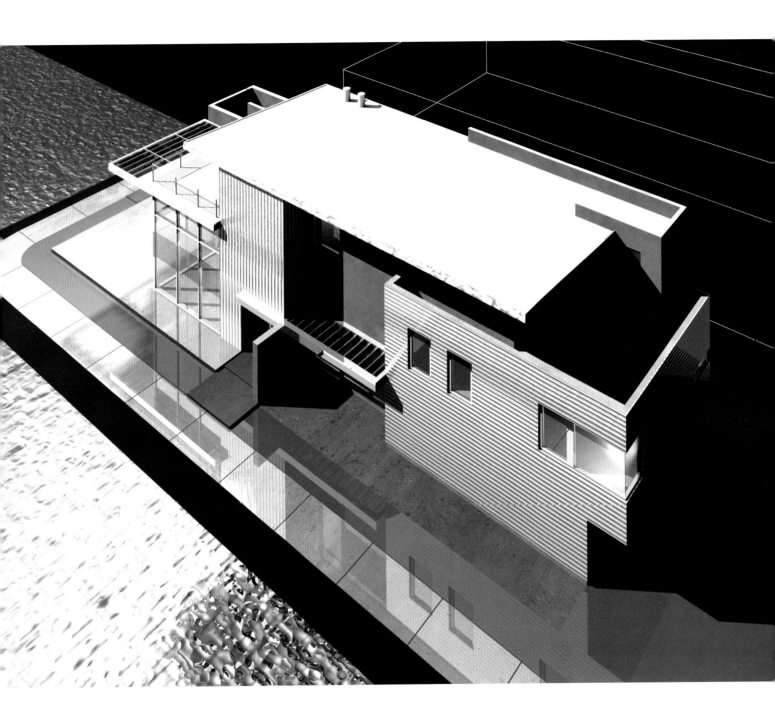

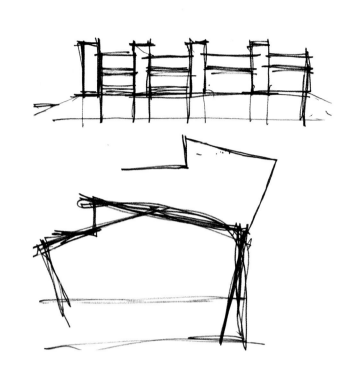

海滨阁楼
BEACH LOFTS

当罗耶住宅完成之际，埃尔利希刚刚完成一项位于街区中央距威尼斯海滩仅几步之遥的四户联排住宅。这块地犹如三明治一般夹在两幢公寓楼之间，该住宅所要应对的挑战是：在许可的范围内提供最大的生活空间，同时还不会产生封闭感。其采取的方法是将它们置于高出地面4英尺（约1.2米）的混凝土平台板上，而平台可用来作为入口平台，其下面可用作车库。他还吸取了单身公寓设计的经验，建筑师采用竹篱将平台两侧围合以与邻居分隔，在木结构框架上采用了灰绿色粉刷，并将波纹状铁构件漆成灰白。

建筑内部采用工业阁楼的构想，主要是受砂砾文脉（gritty context）的启发。单一的高大空间的采光利用了两侧大窗和屋顶上的灯笼式天窗。前后的夹层通过带有铁栅栏的步行小道连接起来，建筑用材采用喷砂铁窗格和不涂灰泥的干墙、木制或铁制梁架交替使用，并予以裸露。地面为光洁优美的混凝土板，翻卷的玻璃门开向前面的平台，而屋顶平台提供一个越过邻近建筑的完整的观海视野。这样狭窄用地的局限就被克服，而粗放的饰材与精致细部的有机结合为这些重复的单元赋予了个性。

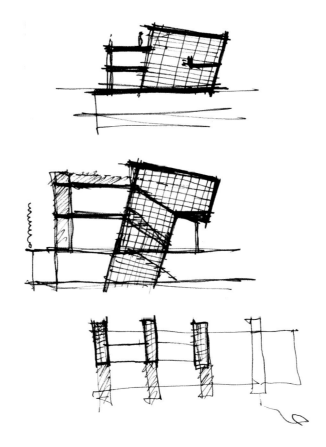

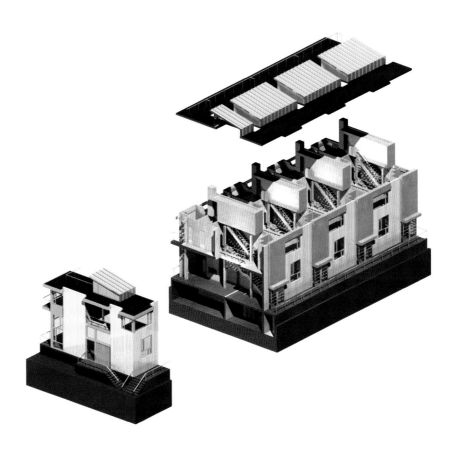

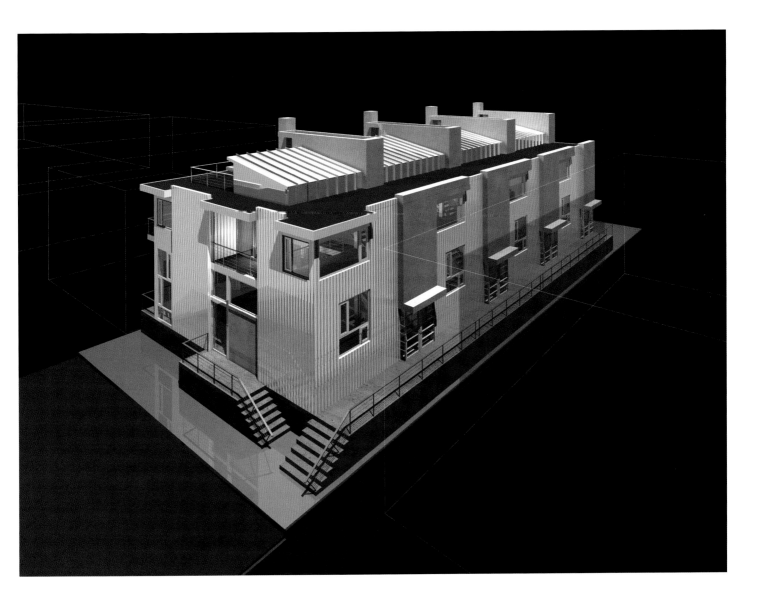

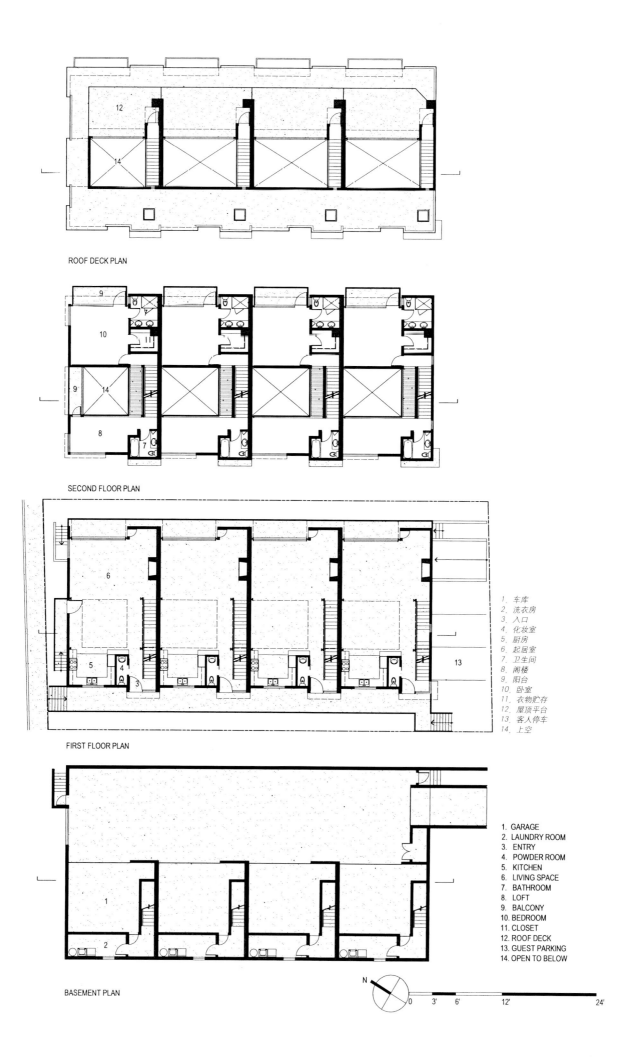

ROOF DECK PLAN

48

SECOND FLOOR PLAN

FIRST FLOOR PLAN

1. 车库
2. 洗衣房
3. 入口
4. 化妆室
5. 厨房
6. 起居室
7. 卫生间
8. 阁楼
9. 阳台
10. 卧室
11. 衣物贮存
12. 屋顶平台
13. 客人停车
14. 上空

BASEMENT PLAN

1. GARAGE
2. LAUNDRY ROOM
3. ENTRY
4. POWDER ROOM
5. KITCHEN
6. LIVING SPACE
7. BATHROOM
8. LOFT
9. BALCONY
10. BEDROOM
11. CLOSET
12. ROOF DECK
13. GUEST PARKING
14. OPEN TO BELOW

N

0   3'   6'   12'   24'

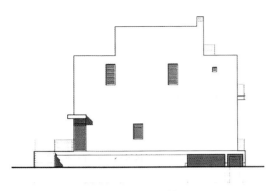

NORTH ELEVATION

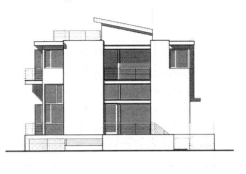

SOUTH ELEVATION

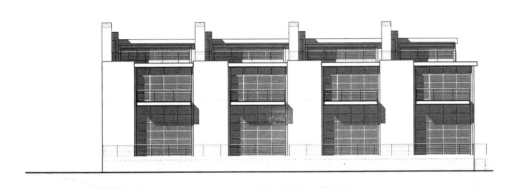

WEST ELEVATION

EAST ELEVATION

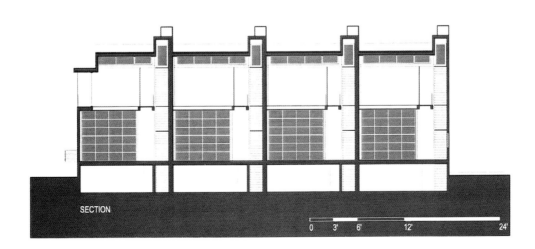

SECTION

0   3'   6'   12'   24'

纽特拉扩建工程
NEUTRA ADDITION

理查德·纽特拉为阿尔伯特·莱温建造的一座经典的现代海滨住宅位于一块棕榈树篱及闪烁着微光的沙地之间的用地。该住宅的户主是《庞狄之乱》(Mutiny On The Bounty) 和《热土》(The Good Earth) 的制片人，也是一位有文化的作家导演和现代艺术的热心收藏者。该建筑于 1938 年竣工，60 年后，埃尔利希对它进行了整修，并利用旁边的地块为一对收藏现代家具的夫妇做了扩建设计。埃尔利希曾在 1981 年设计了卡尔夫斯工作室，并开始了他的实践生涯，这是位于好莱坞山纽特拉设计的罗林住宅花园内的一座方盒子般的现代主义白房子。而此次设计的挑战在于设计一个更宽敞的扩建住宅，与原有整齐而简洁的玻璃和粉墙相协调，并注重它的材料与比例。

埃尔利希与施密特在重建的车库顶上延伸出了一套客房，并以此与老建筑天衣无缝地接在了

一起，在另一个装有不锈钢门的双车位车库顶上则扩建出主人的房间。这样的处理产生了洁白而宁静的粉墙与预制混凝土立面，并有效的隔绝了来自繁忙的滨河公路车辆的噪声。扩建住宅的背后是一个不锈钢拱顶敞亭，如同一叶方舟漂浮在玻璃的海洋中。受路易斯·康的（美国）福特沃斯金贝尔美术馆的启发，亭子内面打上了孔，以吸收声音。这座亭子巧妙的呼应了由玻璃步道相连的住宅凸出的圆形玻璃部分。为了减小这个构筑物巨大的体量，靠近房屋一侧用细小的钢条支撑，两头的玻璃墙可以被完全开启，以便室内能吹到微微的海风。室内也是玻璃的，朝南的混凝土墙限定了空间，并围合出了厨房／餐具架和淋浴间。经过酸洗的水泥地面呈现出了不同的肌理。

建筑师的新作使老建筑大为增色，同时排除了海滨喧闹的活动和主人小儿子的干扰。一条明

显的轴线从绿草如茵的庭院出发，穿过亭子和新建的池子到达花园墙上的电动大门。这扇移动门通向海滩，把一个私人庭院变成了公共海滩的延伸，同时也成为一个救生场所。不锈钢与混凝土具有比银色镶边的粉墙更大的密度，但保持了相同的有限色彩。埃尔利希说："我将积累了 60 年的技术经验使纽特拉的梦想变为现实，达到了宁静与动感之间的平衡。"

12/95

all
glass
Tunnel

stiffeners.

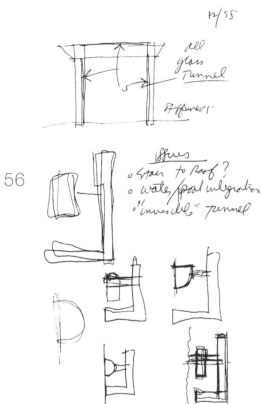

56

issues
o Stair to Roof?
o Waterproof integration
o "invisible" Tunnel

58

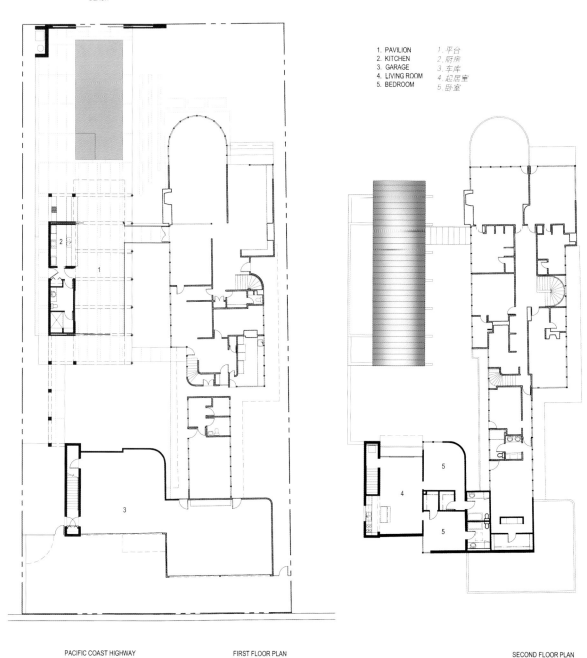

BEACH

1. PAVILION   1. 平台
2. KITCHEN   2. 厨房
3. GARAGE   3. 车库
4. LIVING ROOM   4. 起居室
5. BEDROOM   5. 卧室

PACIFIC COAST HIGHWAY   FIRST FLOOR PLAN   SECOND FLOOR PLAN

ADDITION TO NEUTRA BEACH HOUSE

N   0   6'   12'   24'   32'

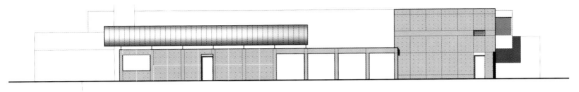

EAST ELEVATION

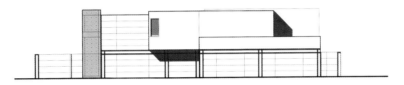

NORTH ELEVATION

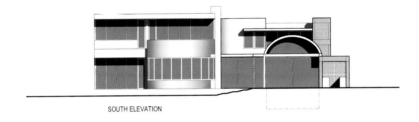

SOUTH ELEVATION

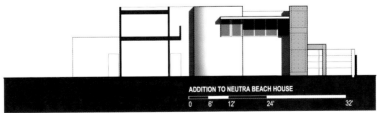

ADDITION TO NEUTRA BEACH HOUSE

0   6'   12'   24'   32'

SOUTH COURTYARD ELEVATION

62

pool

6 16 PATIO

Both

kitchen
40
Fireplace?

internal
storage

EXT
storage

concrete
wall &

water
scrub

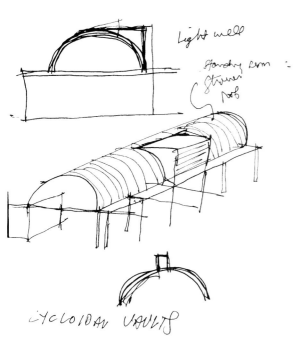

Light well

Standing room
Stoner
roof

CYCLOIDAL VAULTS

伍茨住宅
WOODS HOUSE

莱温住宅改造任务的工作量不亚于重新设计一处大型住宅。伍茨住宅位于圣莫尼卡市的峡谷镇。这座建于1950年代的三层建筑位于陡峭的山坡上,今天使用既局促又不方便,而改善它需要对原有的和谐尺度上进行大胆变更。1985年,埃迪尔和伍茨聘请了当地的穆尔德·卡特考夫公司为住所加了一个平台,并把木质外装饰换成了钢模混凝土。然而,他们没有大动干戈,保持了房子原有精彩的外观。在扩大并重新调整室内布局时,他们又转头求教于埃尔利希,埃尔利希曾经在加利福尼亚大学洛杉矶分校教过伍茨建筑课。在这一扩建中,埃尔利希在房子的一端扩建了750平方英尺(约70平方米,增加了25%的面积),并在此标高上增加了一个新的起居室,而顶上加了一个主人淋浴室。沿街的立面饰材改成了灰绿色的用钢模加工的灰泥,在水平方向上则用铝板把新老材料相联系,同时设计也改造了室内空间,墙自上而下延伸,顶棚抬高,门窗也移了位。厨房中淡棕色橱柜和大理石台面组成的精致组合被重新布局,并朝向平台最宽的一侧,为露天用餐提供了方便。

受到业主极简主义鉴赏品位的鼓励,建筑师们使用了表面抛光处理的混凝土和浅色橡木地板制成的曲线型楼梯,连接了用餐区与下面的起居空间,以及在壁炉上方安装了与墙同长的壁架。在主人的套房里,宽阔的楼板引导人们穿过两扇薄板玻璃大门到达新的淋浴房,从壁炉边一直通达淋浴处的石灰石壁架加强了这条轴线。沉静的色彩与经典的不锈钢、玻璃和浅色的皮革家具很微妙的加强了室内气氛,看上去像是从大块的石头与粉墙中雕刻出的一般。

在建筑设计中,每一种形式均可衍生自另一形式而又呼应于其余的形式,从而在多层面上,实现空间的宁静流动。

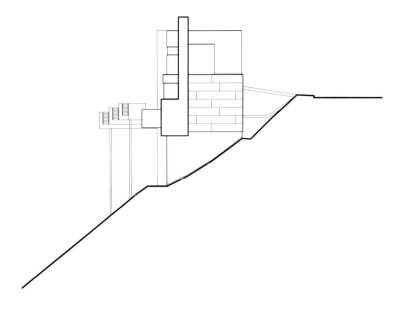

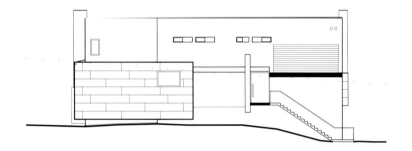

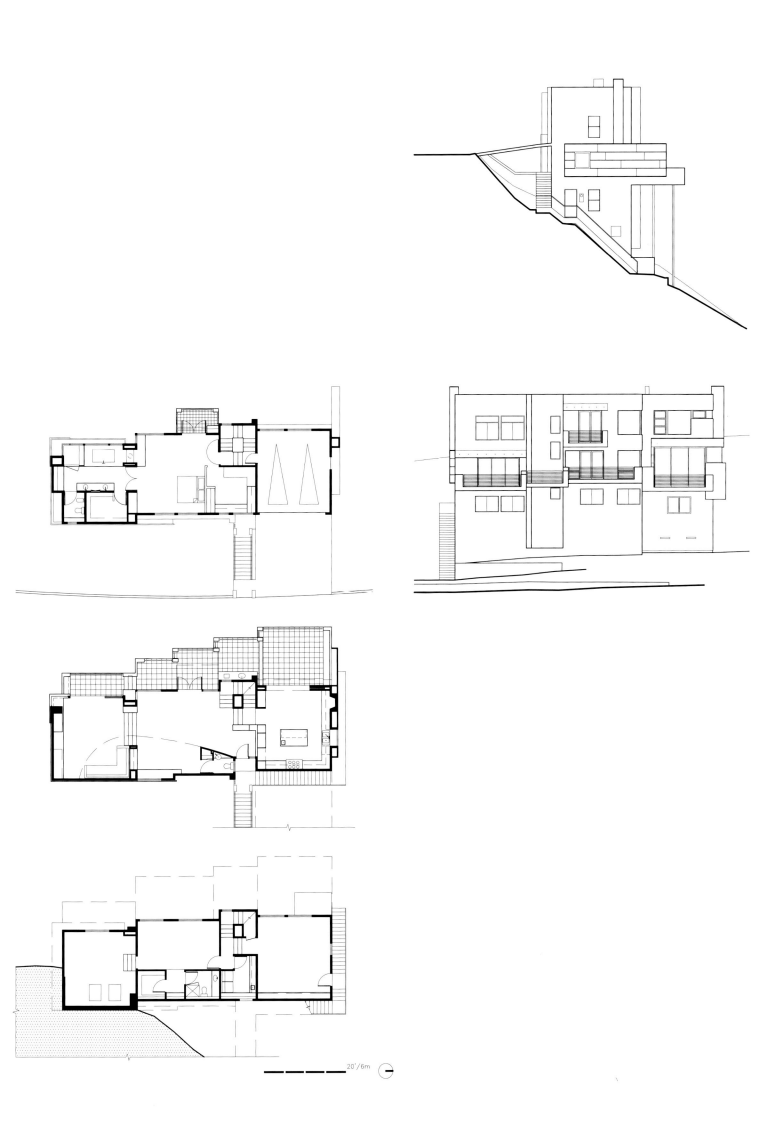

20'/6m

舒曼住宅
SCHULMAN HOUSE

和大多数建筑师一样,埃尔利希因擅长在困难的地形条件下设计朴素谦和的建筑而闻名。当舒曼夫妇以充足的预算请其设计一座大型住宅时就做好了准备,另一方面,他们对于纽特拉和辛德勒倡导的现代建筑经典风格中纯净线条与流动空间的共同热爱更促进了彼此之间的关系。在会见了其他提供各自建筑风格选单的建筑师以后,年轻的雇主夫妇对其中一位建筑师的率直大为赞赏,该建筑师在展示自己作品时声称:"这就是我建造的房屋,如果你们喜欢它,我将为你们服务;否则,你们就不应该雇佣我。"

舒曼住宅的设计主旨起源于雇主与设计师之间的真实对话:两层高的建筑两翼中,底层为家庭活动室,二层为卧室,彼此之间通过上下贯通的起居室和二层位置的桥体联系。该建筑两翼向前延展成拥抱之势,并形成一个富于景致的入口庭园。"我习惯于在困难的坡地上设计房屋。"建筑师说,"根据惯有经验,我将房屋设计在峡谷的狭窄地带,车库掩埋于山体之中,尽可能地保护后部的草地。"同时,这样的建筑布局形式也是出于保护场地前部一株老无花果树和后部一株大珊瑚树的需要。

"在建筑设计中,你应该试图寻找一种由客户和地形告诉你的秩序感",埃尔利希说,"当你发现这种秩序感时,你便可以对其进行扩展"。在随后八个月的设计过程中,埃尔利希展开了许多创造性的思路,为方案伊始形成的"H"型对称平面注入活力。建筑东翼向外展开17°,保持与峡谷边缘的协调,并为前院和室内带来动感。建筑师为这一标高的场地营造出一幕空间戏剧,及与山坡上的"戈德-弗里德曼住宅"呈不对称状互相搭结的建筑体量,同时通过景观融合和平静的纪念氛围将其整合为一体。上釉窗框、钢质栏杆、混凝土开槽墙体所展示的显著水平特征与主要建筑体量形成的垂直特征相互补充,创造出对立作用力之间的和谐平衡。

这一案例中展示的材料感觉比埃尔利希的以往案例要丰富。混凝土被倒入以塑料叠合板为衬里的模具而获得的光滑表面,与建筑立面上的白色灰泥平面形成对比,同时前者还被应用于楼梯间以产生与众不同的效果。(业主曾提出这样的做法可能会造成类似于高速公路的感觉,为打消这一顾虑,埃尔利希许诺如果一年后业主仍不喜欢这一做法,他们将自费用灰泥进行覆盖。)屋顶平面上红色桃花心木质窗框和铜质窗框为干冷的几何建筑形体带来些许暖意。

两个楼梯间中,一为封闭式,另一为开放式,引导人们进入卧室与横跨于建筑中央的二层桥体。规整的银灰色钢带制成的栏杆,与桃花心木质地板以及抛光的枫树橱柜争相媲美。人们的视线在那里停留,继而透过高耸贯穿空间的巨大窗体,向外望去。滑动门外便是前院和花园,建筑的每个部分,从天桥上感受的景观到天窗洒落的阳光,以及白色灰泥墙上的气窗,无一不反映出室内外空间之间的对话。

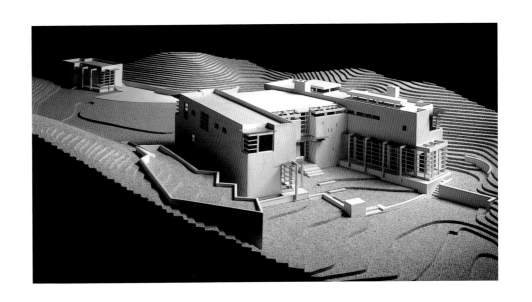

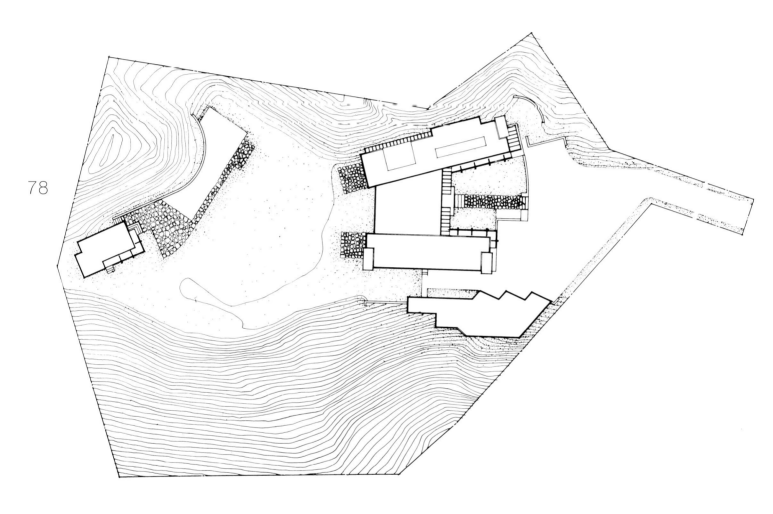

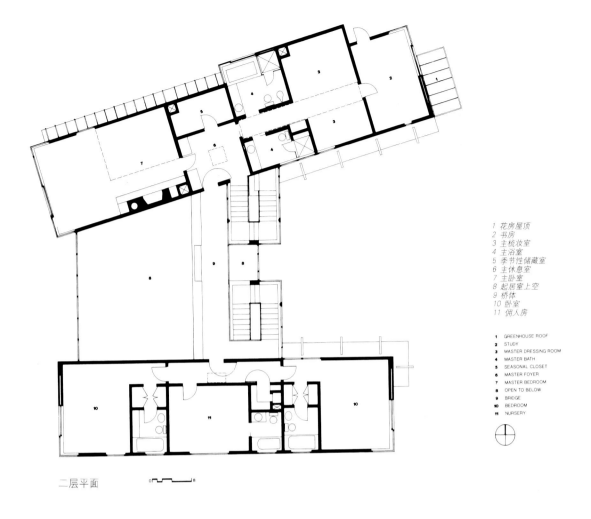

1 花房屋顶
2 书房
3 主梳妆室
4 主浴室
5 季节性储藏室
6 主休息室
7 主卧室
8 起居室上空
9 桥体
10 卧室
11 佣人房

1 GREENHOUSE ROOF
2 STUDY
3 MASTER DRESSING ROOM
4 MASTER BATH
5 SEASONAL CLOSET
6 MASTER FOYER
7 MASTER BEDROOM
8 OPEN TO BELOW
9 BRIDGE
10 BEDROOM
11 NURSERY

二层平面

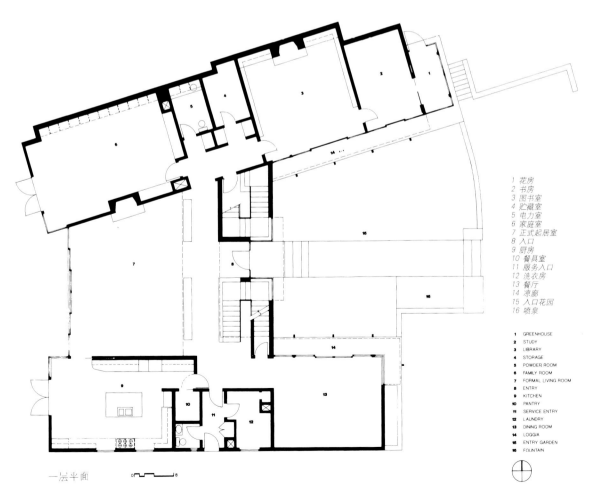

1 花房
2 书房
3 图书室
4 贮藏室
5 电力室
6 家庭室
7 正式起居室
8 入口
9 厨房
10 餐具室
11 服务入口
12 洗衣房
13 餐厅
14 凉廊
15 入口花园
16 喷泉

1 GREENHOUSE
2 STUDY
3 LIBRARY
4 STORAGE
5 POWDER ROOM
6 FAMILY ROOM
7 FORMAL LIVING ROOM
8 ENTRY
9 KITCHEN
10 PANTRY
11 SERVICE ENTRY
12 LAUNDRY
13 DINING ROOM
14 LOGGIA
15 ENTRY GARDEN
16 FOUNTAIN

一层平面

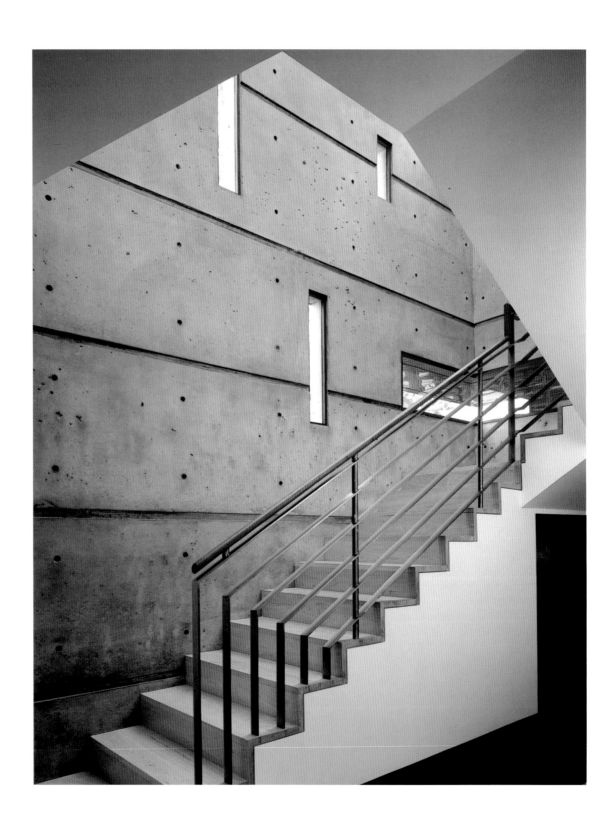

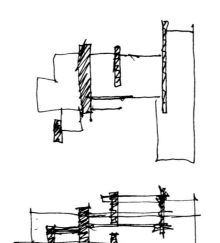

峡谷住宅
CANYON HOUSE

峡谷住宅是继舒曼住宅后的一个主要设计任务，该住宅坐落于洛杉矶的韦斯萨德 (Westside) 一个叶状峡谷地带，其设计将取代原有的一栋住宅，但事实上，为了保护场地，住宅采用三层非对称形式并错落布置于山脚斜坡之上，内含服务空间的厚重墙体有节奏地将其截断，数组台阶如同露天剧场一般向周围景致延展。峡谷住宅中充满着动感与自由不羁的品质，人们觉察不出房屋界限的确定竟是出自对保护树木的预先考虑。

竖向建筑体量从前至后切入住宅，建筑表面覆以经剁斩处理并涂有深浅不同颜色的灰泥，这些颜色的选择源于湿枫树树皮的斑斓色彩——从橄榄绿、灰、黄赭、烧赭到褐紫色。每片建筑墙体都有着自己独特的色调，它们源于环境并将周围景致引入室内。该建筑运用了丰富的材质，这是埃

尔利希受到同期他在展览会上所观赏到的波洛克 (J. Pollock) 绘画的影响所致。外覆铜材的悬挑屋顶和硬质露台如同箱柜抽屉般前后错落，并与竖向建筑构件相映成趣。住宅立面采用白色灰泥面，并掩映于街道之中，主房背侧位置则采用了通高的玻璃材质。

从中间楼层进入住宅和用作交通组织的大厅，雕塑壁龛和斜向圆洞 (oculus) 构成的树梢点缀着厅中的墙面；楼梯踏板层层挑出，一路引至主人套房。墙体在此被切断，水平向的釉质栏杆和带有顶部飞檐的玻璃屋角，以及开启的花旗松为框架的吊窗滑扇 (pocketing sliders) 使得空间流动而漂浮。整个室内呈现一种对于动态结构的完美匹配。辛德勒从来没有建造过类似峡谷住宅这样的房屋，虽然峡谷住宅拥有风格派 (de Stijl) 这样的复杂

空间几何关系，但其表现却显示了远远超过里特维尔德 (Rietveld) 和凡·多伊斯伯格 (van Doesberg) 所尝试的勇气。

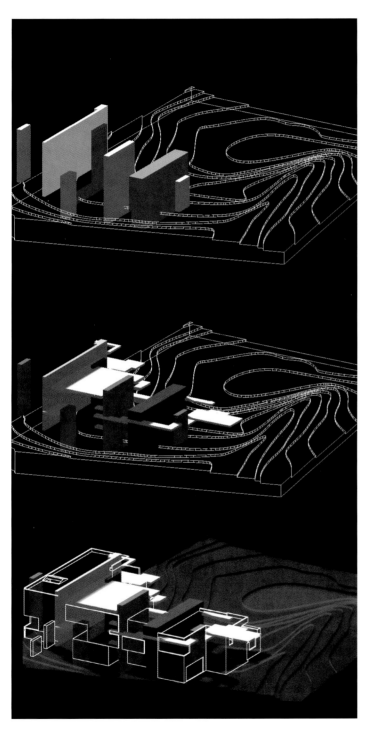
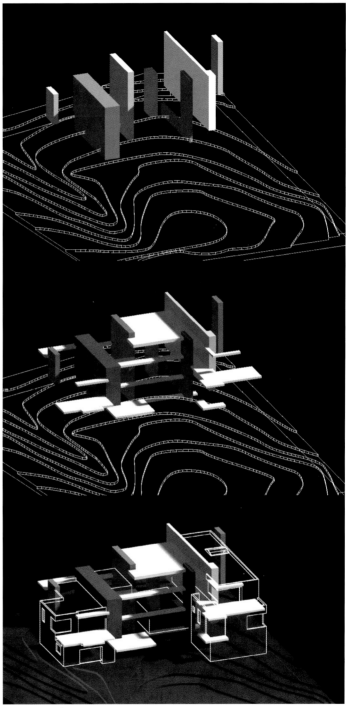

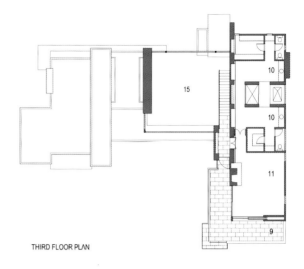

THIRD FLOOR PLAN

1 入口
2 起居室
3 图书室
4 餐厅
5 厨房
6 媒质室
7 办公室
8 车库
9 露台
10 主浴室
11 主卧室
12 卧室
13 贮藏室
14 机械房
15 起居室上空
16 健身房
17 洗衣房

1. ENTRY
2. LIVING ROOM
3. LIBRARY
4. DINING ROOM
5. KITCHEN
6. MEDIA ROOM
7. OFFICE
8. GARAGE
9. DECK
10. MASTER BATHROOM
11. MASTER BEDROOM
12. BEDROOM
13. STORAGE
14. MECHANICAL ROOM
15. OPEN TO BELOW
16. EXERCISE ROOM
17. LAUNDRY

SECOND FLOOR PLAN

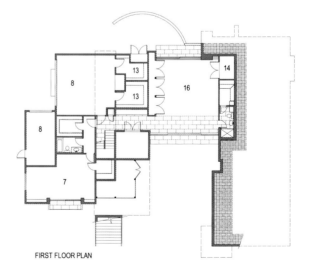

FIRST FLOOR PLAN

N

CANYON RESIDENCE

0   6'   12'   24'   32'

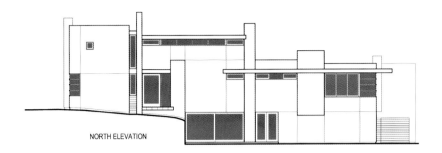

NORTH ELEVATION

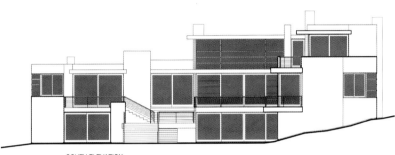

SOUTH ELEVATION

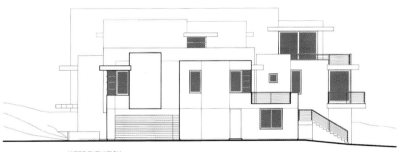

WEST ELEVATION

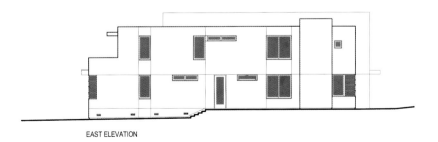

EAST ELEVATION

CANYON RESIDENCE

0   6'   12'   24'   32'

沃尔福格住宅
WALDFOGEL HOUSE

帕洛阿尔托地区 (Palo Alto) 坐落着一栋阔绰奢华的住宅，其地势平坦，占地半英亩(约2024平方米)。该建筑表达了来自社区的优雅风格和男女主人的混合特性。在舒曼住宅和峡谷住宅设计中，建筑占地都采用从基地一侧向另一侧推进的方式，入口立面平淡，花园位置在住宅以外，沃尔福格住宅则不然，埃尔利希和施密特为其设计了一种四边开敞的风车状平面，尽情拥抱周围的庭园。该住宅体量相当复杂，纵、横向平面布局简洁有序。出挑屋顶外覆德国进口合金——碳灰色莱茵锌 (Rhinezinc)。如同 1920 年代密斯 (Mies) 在欧洲设计的房屋一样，该住宅建设预期有一半可以通过精确的几何加工装配完成，细长的构件如同入口(拉门) 一般滑动自如。

沿入口廊道经过一片水墙来到入口庭院，该庭院在功能上兼作餐厅露台，餐厅是高耸的贯穿空间，联系建筑的两个主要部分。位于住宅北侧的起居室和男主人书房享有另外一处铺砌式庭院，并向外延伸至花园，靠南一侧的厨房和家庭室 (family room) 则通往水池。由混凝土浇灌而成的轴向墙体唤起人们对原始壁炉的回忆，它将住宅截为两半，且被雕刻削减得如同峡谷住宅 (Canyon houses) 中的一般。在建筑二层位置，一座磨砂玻璃桥体将主人套房、女主人书房和客人房、孩子房连接于一体。公共性和私密性空间体验相互交替，室内空间如同在身边环绕一般展示着各种不同的景致。

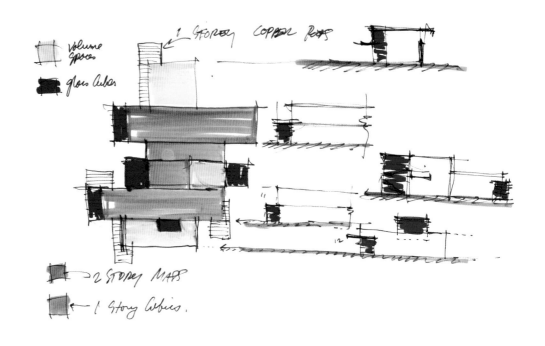

volume
spaces

glass cubes

1 STOREY COPPER ROOF

2 STOREY MASS

1 Story cubics.

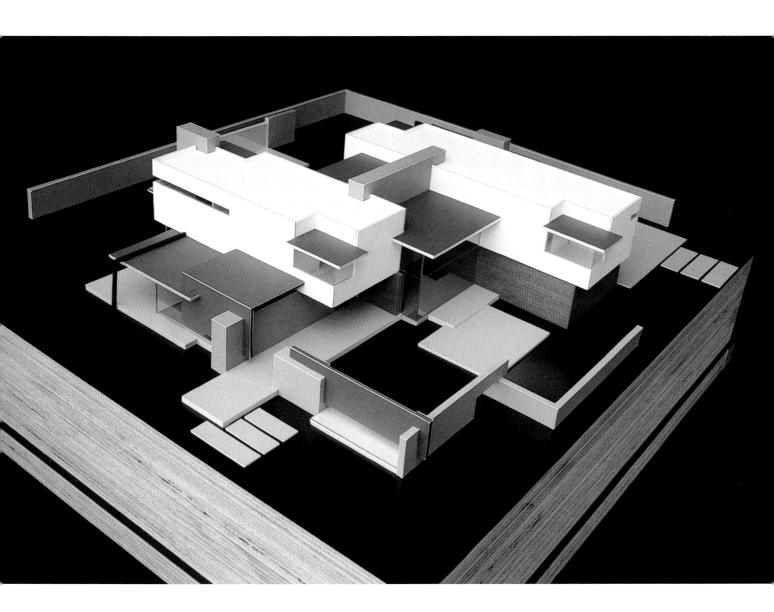

102

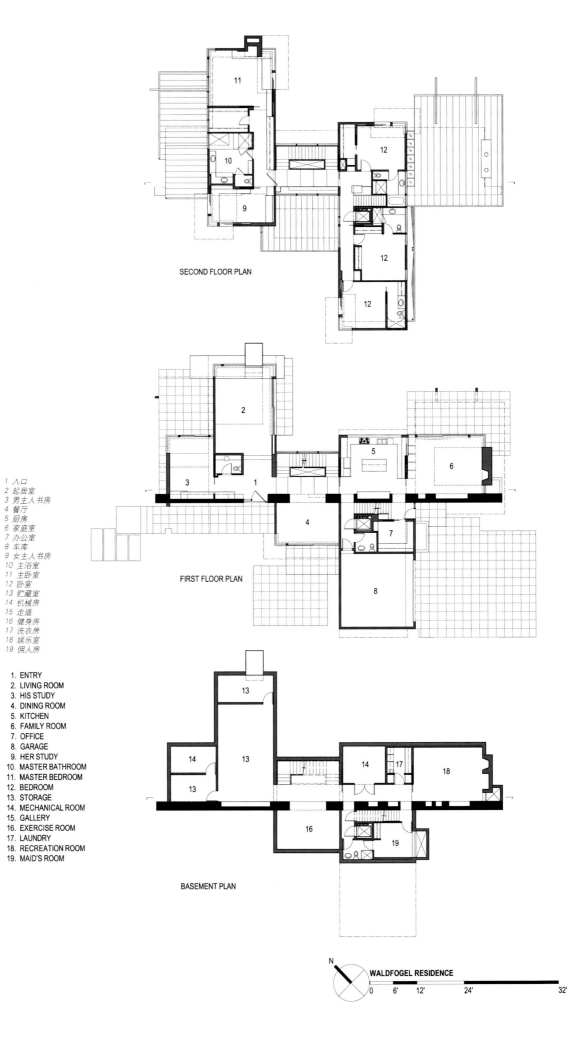

SECOND FLOOR PLAN

FIRST FLOOR PLAN

BASEMENT PLAN

1 入口
2 起居室
3 男主人书房
4 餐厅
5 厨房
6 家庭室
7 办公室
8 车库
9 女主人书房
10 主浴室
11 主卧室
12 卧室
13 贮藏室
14 机械房
15 走道
16 健身房
17 洗衣房
18 娱乐室
19 佣人房

1. ENTRY
2. LIVING ROOM
3. HIS STUDY
4. DINING ROOM
5. KITCHEN
6. FAMILY ROOM
7. OFFICE
8. GARAGE
9. HER STUDY
10. MASTER BATHROOM
11. MASTER BEDROOM
12. BEDROOM
13. STORAGE
14. MECHANICAL ROOM
15. GALLERY
16. EXERCISE ROOM
17. LAUNDRY
18. RECREATION ROOM
19. MAID'S ROOM

N

WALDFOGEL RESIDENCE

0   6'   12'   24'   32'

NORTH ELEVATION

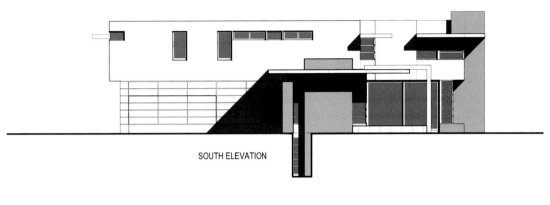

SOUTH ELEVATION

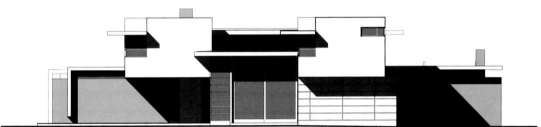

WEST ELEVATION

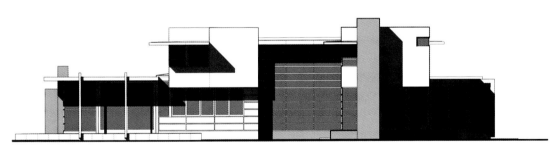

EAST ELEVATION

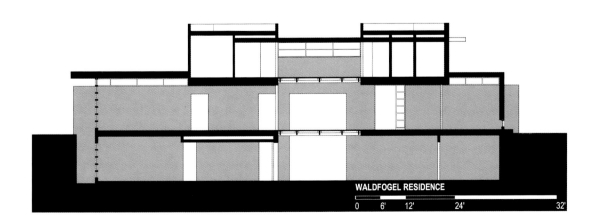

WALDFOGEL RESIDENCE

0   6'   12'   24'   32'

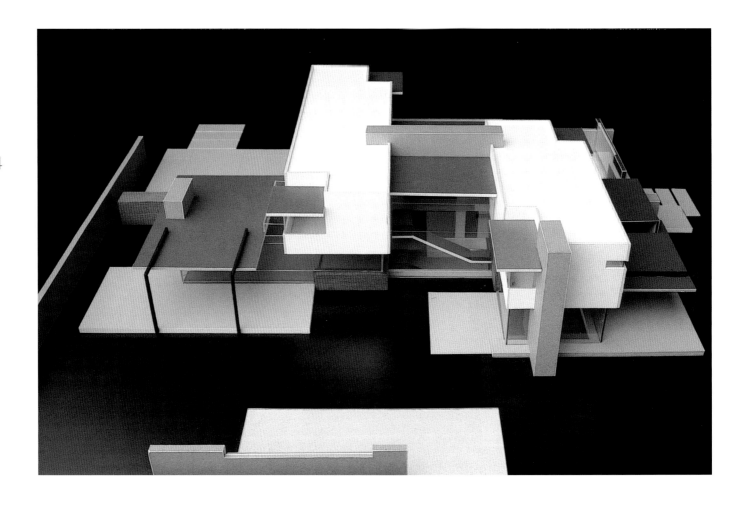

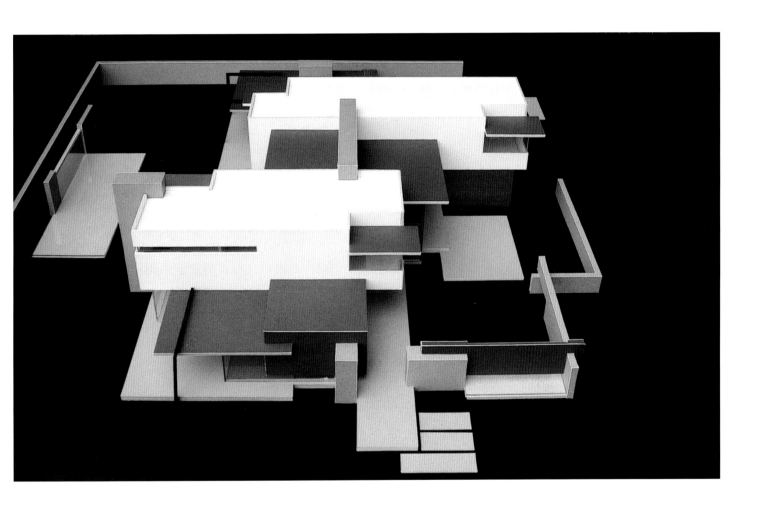

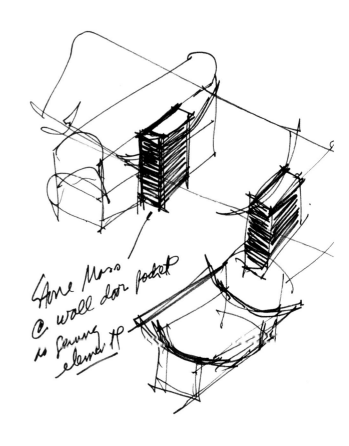

迪拜住宅
DUBAI HOUSE

到目前为止，最具雄心的设计案是由埃尔利希和施密特为迪拜（Dubai）地区最主要家族的首脑设计的家庭住宅综合体。该设计用地位于波斯湾的迪拜市，这是一座石油资源富足的城市。该住宅面积高达 35000 平方英尺（约 3250 平方米），几乎与书中所有住宅面积的总和相当，同时，其沙漠用地的性质和极度炎热的气候条件更是与南加州地区的温和景观大相径庭。但是，该方案清晰明了的设计背景与必须根据客户、文化需求对设计作出迅速调整的要求，这与公司早期作品的运作过程非常相似，正因为此，该公司成为客户的选择目标。

客户要求詹斯勒（Gensler）洛杉矶办事处，其总部的设计分公司，为其推荐一位能够创造融西方文化与伊斯兰文化于一体的加利福尼亚建筑师。经过长时间的考虑，客户选择了埃尔利希和施密特，并邀请建筑师在一周的紧张工作中形成设计概念。雇主告诉建筑师，"我不希望这一建筑看上去像是马里布（Malibu）或是佛罗里达地区的房子——它应该根植于我们这里自身的文化。""我曾

经在非洲生活和工作，这段经历和这个项目很有共鸣"，埃尔利希说，"但是，这个项目非常复杂，不过充足的预算使我们可以尝试一些新技术与新材料。"虽然阳光是沙漠地区最恰当的总体象征，埃尔利希和施密特还是不得不寻找一种方法以确保住宅单元不受辛辣阳光的侵扰。

在这一案例中，建筑师没有采用沙漠地方传统中带有供人休憩的平坦屋面的简单两层行列式建筑，而是架设了一张巨大的弧形顶棚。该顶棚外覆钛材，支承于双排石材饰面的钢柱之上，顶棚大小与足球场地相仿，端面呈新月形，象征着超越伊斯兰建筑尖塔的新生命。同时，设计还建议采用反转帐篷的形式——一种对游牧民族祖先的隐喻，即沿帐篷北向边缘穿孔，产生木栅形式的阴影。集结的阴影降低温度，引导微风，同时柱体伸出顶棚兼作机械通风口之用。

水体与棕榈树的十字布局形式，唤起人们对沙漠绿洲的退思，同时划分出天篷覆盖的建筑部分与覆盖范围以内的建筑体量。为进一步保护不

受覆盖的建筑单元。方案设置了弧形挑台，当然，这种传统的穿孔遮光屏在这里以不锈钢材质重新演绎。三段式的建筑平面将东端的男性接待区域（majlis）、与中央大厅后部的女性接待区域以及西端的家庭卧室区域隔开。繁茂的绿化、喷泉、倒影池，多荫院落和凉台包围着这一住宅并在其间渗透——这里是沙漠中的天堂花园。

从非洲到日本，从加利福尼亚到阿拉伯半岛，埃尔利希的作品已经在很多地方留下了足迹。但是，无论他受到邀请在任何地方建造任何建筑，他的观点从不改变，他的设计原则从不妥协。（他认为，）住宅是可持续发展的实际生活的重要组成部分（虽然它正在发生变化），但是它决不能失去其本源的东西。在为单独住户设计理想住宅的过程中，埃尔利希发展了不少公共建筑设计的理念，并将其带入更广泛的住宅设计之中。埃尔利希将在自己的建筑之旅中不断追寻。

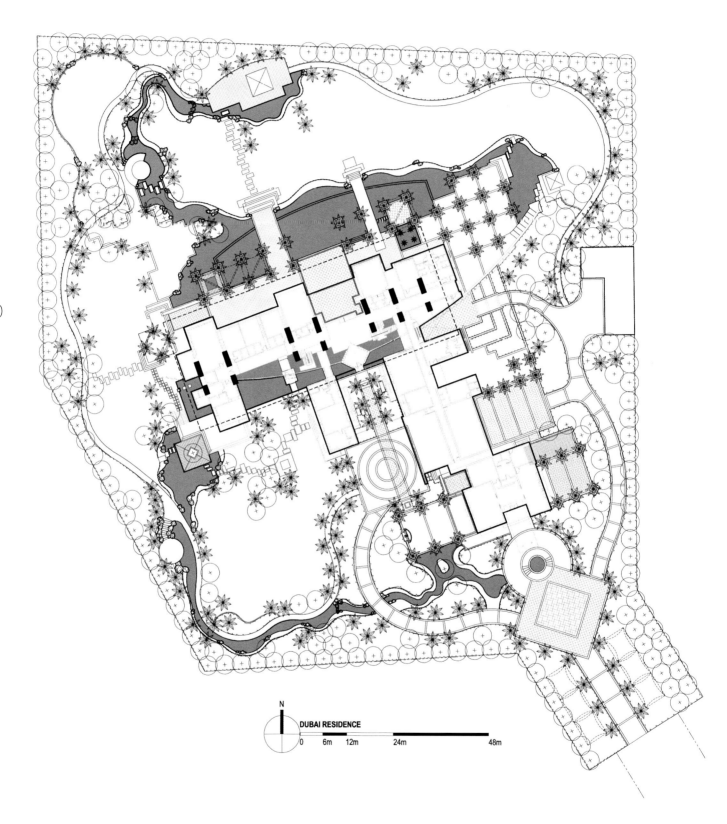

N

DUBAI RESIDENCE

0   6m   12m   24m   48m

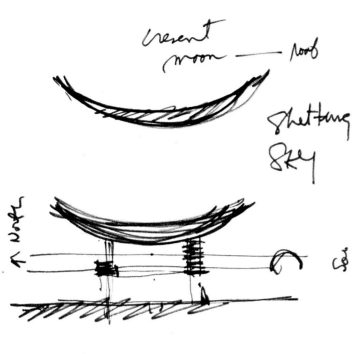

crescent
moon —— roof

shelting
sky

↑ water

co

North view

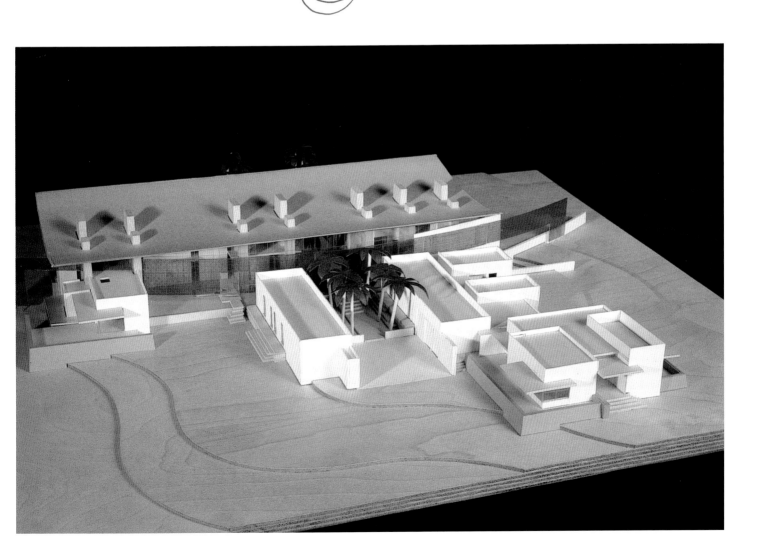

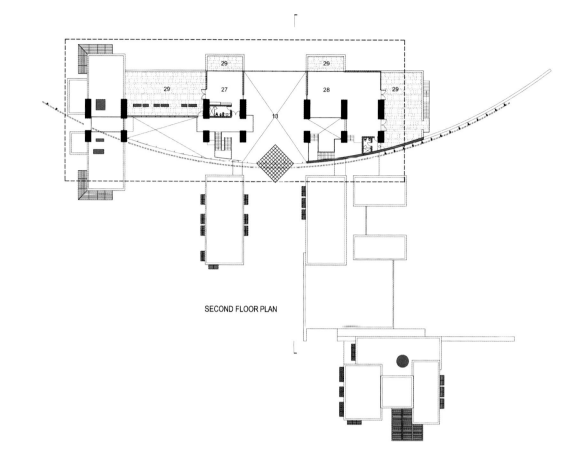

SECOND FLOOR PLAN

112

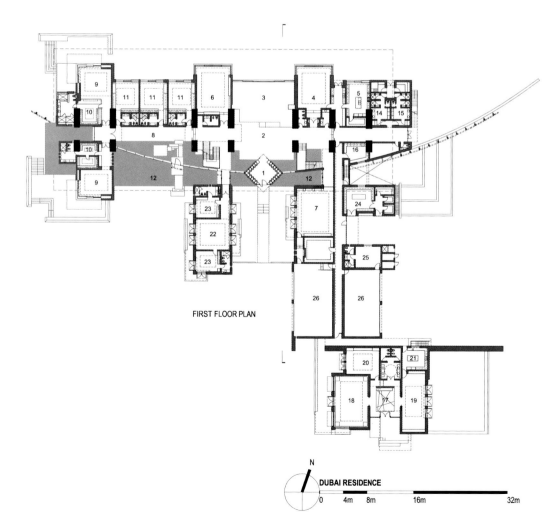

FIRST FLOOR PLAN

N

DUBAI RESIDENCE

0   4m   8m   16m   32m

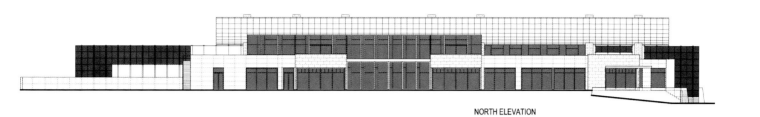

NORTH ELEVATION

SOUTH ELEVATION

EAST ELEVATION

WEST ELEVATION

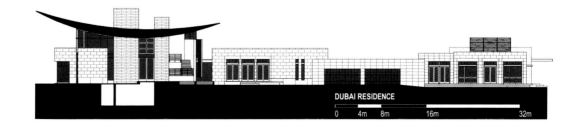

DUBAI RESIDENCE

0   4m   8m   16m   32m

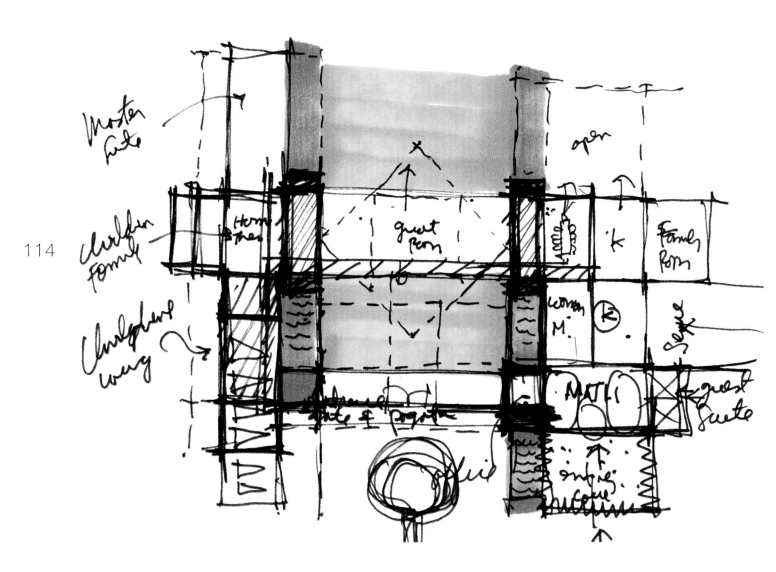

114

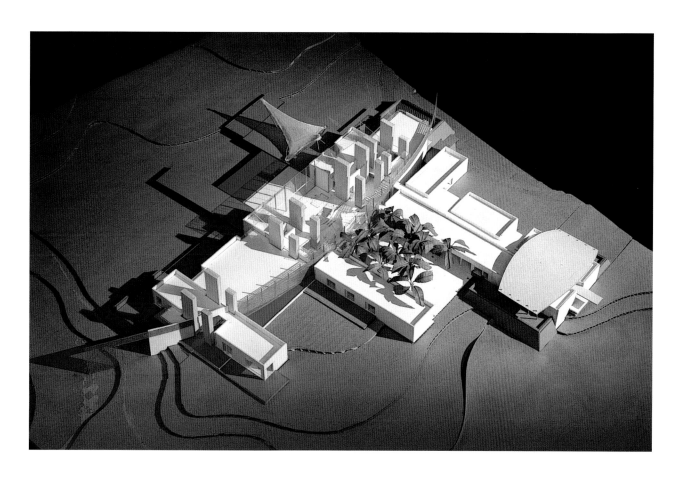

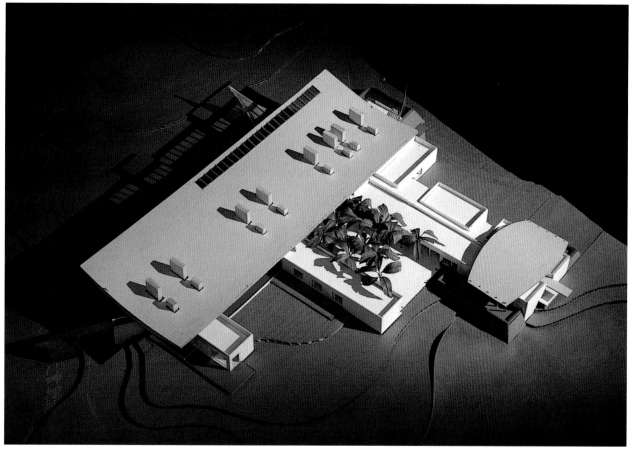

1. Steven Ehrlich, F.A.I.A., Principal
2. James Schmidt, A.I.A., Principal
3. Cecily Young, A.I.A., Principal
4. Thomas Zahlten, A.I.A., Principal
5. Alec Whitten
6. Mark Hansup Kim
7. George P. Elian
8. Whitney Wyatt

9. Justin Brechtel
10. Patricia Rhee
11. Ed Rolen
12. Tammee Taylor
13. Aaron Torrence
14. Haekwan Park
15. Janet Suen, AIA
16. Thomas Hanley

17. Robert Juarez
18. Magdalena Glen-Schieneman, AIA
19. Noreena Manio
20. Mathew Chaney
21. Mary Chou
22. Christina Monte
23. Natalie Torrence
24. George Cosmas

25. Nicole Pflug
26. Martijn Van Bentum
27. Leticia Balacek
28. Lee Lehnert
29. Luigi Imperatore
    Alexia Zydel (not shown)

事务所简介
FIRM PROFILE

斯蒂文·埃尔利希建筑师事务所

斯蒂文·埃尔利希建筑师事务所是由30位有才华的人物组成的建筑集体。他们的工作室位于加州卡尔夫市,是从一个舞厅改造而来的。埃尔利希于1979年创办了事务所,现有3位负责人加盟,他们是:塞西里·扬(AIA),托马斯·扎尔顿(AIA)和詹姆斯·施密特(AIA)。本书中的许多住宅都是由詹姆斯设计的。

许多刊物都介绍过该事务所,事务所也获得了包括1977年三项美国建筑师协会大奖在内的许多奖项。1998年有出版了斯蒂文作品的专论,展现了事务所将技术与文化、环境相融合的当代设计作品。

目前,具有影响力的作品包括:为美国马萨诸塞州坎布里奇设计的30万平方英尺(约2.78万平方米)的医疗研究实验室,加利福尼亚州卡尔夫市中央剧院群的一幢新剧院建筑综合体。南加利福尼亚州的加利福尼亚大学洛杉矶分校与奥兰治海岸学院的艺术中心,以及圣纳狄诺山谷社区学院的总体规划及五幢校园新建筑的设计。洛杉矶市的英西诺／塔扎纳和维斯特伍兹图书馆以及占了事务所业务量近一半的住宅设计。斯蒂文·埃尔利希建筑事务所在加利福尼亚州吉兰代尔设计了好莱坞35万平方英尺(约3.25万平方米)的SKG摄影棚。索尼音乐娱乐公司在加利福尼亚州圣莫尼卡10万平方英尺(约9290平方米)的西海岸总部以及加利福尼亚州圣约瑟的拉丁美洲文献图书馆。

Steven Ehrlich, FAIA Design Principal

斯蒂文·埃尔利希，美国建筑师协会理事，首席设计师

James Schmidt, AIA, Principal

詹姆斯·施密特，美国建筑师协会会员，设计负责人

建筑师简介
BIOGRAPHIES

斯蒂文·埃尔利希，美国建筑师协会理事，首席设计师

　　斯蒂文·埃尔利希很早就认识到建筑对文化与环境响应的意义。他自称是"建筑考古学家"，1969年从美国雷斯雷尔理工学院一毕业就去非洲生活工作了六年。其中两年时间，她随美国和平队来到摩洛哥马拉喀什作为来此工作的第一位建筑师。随后，她穿越撒哈拉沙漠在尼日利亚的阿马杜贝罗大学教授建筑学。有关本土建筑的课程成为了埃尔利希的设计方法并继续影响着她如今的工作。洛杉矶多元文化的差异性、动感活力以及开放观念的天性成了她独树一帜的现代主义风格的沃土。在洛杉矶艺术氛围的包围下，斯蒂文也提倡建筑师与艺术家合作，也主张技术与文化、环境因素相融合。她曾在蒙大拿州立大学、南加利福尼亚建筑学院、加利福尼亚大学洛杉矶分校、南加利福尼亚大学任教，同时也是哈佛、耶鲁和伍德伯里大学的访问设计评论员，并在世界各地作过演讲。

詹姆斯·施密特，美国建筑师协会会员，设计负责人

　　詹姆斯·施密特出生于洛杉矶盆地本土，在美国位于圣路易斯·奥比斯堡的加利福尼亚州立大学及意大利佛罗伦萨学习过建筑。斯蒂文·埃尔利希在1990年住宅项目中的现代乡土设计语言吸引了詹姆斯。他在工作室中负责与斯蒂文合作住宅项目。本书中的住宅体现了詹姆斯对细部、空间设计的精心考虑，对苛刻客户项目的耐心、对不易解决的场地限制的了解，以及项目顾问及建筑设计小组之间的协调能力。

设计获奖作品
DESIGN AWARDS

美国建筑师协会（AIA）
美国建筑师协会国家奖
2001　美国建筑师协会／美国图书馆协会，罗宾森·布兰奇图书馆；洛杉矶，加利福尼亚。

1998　美国建筑师协会／美国混凝土工程师协会，儿童托管中心；卡瓦城，加利福尼亚。

1997　鲍尔·卡明斯图书馆，克劳斯罗茨学校；圣莫尼卡，加利福尼亚（建筑）

1997　舒曼住宅，布兰特伍德，加利福尼亚（建筑）

1997　布尔·特斯工作室，索尼影视娱乐公司；卡瓦城，加利福尼亚（合作）

1997　美国建筑师协会／美国图书馆协会，鲍尔.卡明斯图书馆；圣莫尼卡，加利福尼亚

1994　美国建筑师协会／美国混凝土工程师协会，沙托娱乐中心；洛杉矶，加利福尼亚。

美国建筑师协会加州分会（California AIA）
1998　鲍尔.卡明斯图书馆，克劳斯罗茨学校；圣莫尼卡，加利福尼亚；优秀奖

1996　儿童托管中心；卡瓦城，加利福尼亚；优秀奖

1995　法瑞尔住宅设计；威尼斯，加利福尼亚；荣誉奖

1995　舒曼住宅设计；布兰特伍德，加利福尼亚；优秀奖

1991　以色列住宅设计；圣莫尼卡，加利福尼亚；荣誉奖

1990　温德沃德重建工程；威尼斯，加利福尼亚；优秀奖

1987　摩西斯工作室；威尼斯，加利福尼亚；杰出贡献奖

1984　阿玛杜·伯勒大学礼堂；扎拉，尼日利亚；荣誉奖

1982　卡尔夫斯工作室；洛杉矶，加利福尼亚；荣誉奖

美国建筑师协会洛杉矶分会（Los Angeles AIA）
1998　纽特拉海滨住宅扩建；圣莫尼卡，加利福尼亚；荣誉奖

1998　罗宾森海滨住宅；洛杉矶，加利福尼亚；优秀建设奖

1997　鲍尔.卡明斯图书馆，交叉路学校；圣莫尼卡，加利福尼亚；优秀奖

1997　儿童托管中心；卡瓦城，加利福尼亚；优秀奖

1996　韦内斯公交中心；圣莫尼卡，加利福尼亚；优秀奖

1996　布尔.垂斯工作室，索尼影视娱乐公司；卡瓦城，加利福尼亚；优秀奖（合作）

1992　舒曼住宅设计；洛杉矶，加利福尼亚；荣誉奖

1992　沙托娱乐中心；洛杉矶，加利福尼亚；荣誉奖

1989　澳柯里克工作室；威尼斯，加利福尼亚；荣誉奖

1988　艾迪·摩丝工作室；威尼斯，加利福尼亚；优秀奖

1983　斯万住宅；桑塔·克鲁斯，加利福尼亚；荣誉奖

1982　阿玛杜·伯勒大学礼堂；尼日利亚；提名奖

1981　卡尔夫斯工作室；洛杉矶，加利福尼亚；荣誉奖

国际奖项（International Awards）
1995　台中市民中心设计竞赛；台中，中国台湾；荣誉奖提名

全国奖项（National Awards）
2002　住宅建筑设计奖，海滨阁楼 威尼斯，加利福尼亚

1997　波士顿建筑协会，台中市民中心；台中，中国台湾

1996　建筑实录，合作实录，韦内斯公交中心；莫尼卡，加利福尼亚

1996　传统住宅奖，法雷尔住宅；威尼斯，加利福尼亚；优秀奖

1995　建设者选择奖，汉普斯蒂德住宅；威尼斯，加利福尼亚；杰出贡献奖

1994　建设者选择奖，索尼影视娱乐公司；圣莫尼卡，加利福尼亚

1992　室内设计奖，沙托娱乐中心，洛杉矶，加利福尼亚；社会贡献奖

1990　建设者选择奖，米勒住宅；洛杉矶，加利福尼亚；优秀奖

1986　建设者选择奖，罗伯逊住宅；圣莫尼卡，加利福尼亚；优秀奖

1985　建设者选择奖，卡尔夫斯工作室；洛杉矶，加利福尼亚；杰出贡献奖

1983　建设者选择奖，斯万住宅；圣莫尼卡，加利福尼亚；荣誉提名奖

地区性奖项（Regional Awards）

2001　圣·琼斯美国建筑师协会设计奖，藏书馆，圣·琼斯，加利福尼亚

2000　2000年设计奖，格兰特艺术中心；圣莫尼卡，加利福尼亚保护基金会

1999　阿瓦尼奖，格兰特艺术中心；圣阿纳，加利福尼亚，优秀奖

1999　圣·迭戈美国建筑师协会，格兰特艺术中心；圣阿纳，加利福尼亚

1997　圣·迭戈美国建筑师协会，未建成项目提名，格兰特艺术中心；圣阿纳，加利福尼亚

1997　日暮／美国建筑师协会西部住居奖，法雷尔住宅；威尼斯，加利福尼亚；优秀奖

1996　金块奖，鲍特拉斯研究室，索尼影视娱乐公司；圣莫尼卡，加利福尼亚；设计大奖

1995　日暮／美国建筑师协会西部住居奖，舒曼住宅，布兰伍德，加利福尼亚；

1993　金块奖，年度佳作，索尼影视娱乐公司；圣莫尼卡，加利福尼亚

1992　混凝土工程师奖，沙托娱乐中心；洛杉矶，加利福尼亚；设计大奖

1992　日暮／美国建筑师协会室内设计奖，戈德－佛雷德曼住宅；圣莫尼卡，加利福尼亚

1990　西部红松木材协会设计奖，摩斯工作室；威尼斯，加利福尼亚；优秀奖

1988　艾兰奖，268城镇住宅，查特沃斯，加利福尼亚；考夫曼和布罗德，年度佳作

1983　日暮／美国建筑师协会奖，卡尔夫斯工作室；洛杉矶，加利福尼亚；优秀奖

地方性奖项（Local Awards）

2001　洛杉矶商业委员会，10865；洛杉矶，加利福尼亚

2001　洛杉矶商业委员会，克奈新；洛杉矶，加利福尼亚

1999　西部城市论坛奖，10950；卡瓦城，加利福尼亚

1998　洛杉矶商业委员会，纽特拉海滨住宅扩建；圣莫尼卡，加利福尼亚

1997　洛杉矶文化事务委员会，罗宾森·布兰奇图书馆；洛杉矶，加利福尼亚

1997　洛杉矶商业委员会，保罗·卡明斯图书馆；圣莫尼卡，加利福尼亚

1997　洛杉矶商业委员会，鲍特拉斯工作室／游戏展示网络；卡瓦城，加利福尼亚

1997　洛杉矶商业委员会，韦内斯公交中心；圣莫尼卡，加利福尼亚

1996　洛杉矶商业委员会，儿童看护中心；卡瓦城，加利福尼亚

1996　洛杉矶商业委员会，法雷尔住宅；威尼斯，加利福尼亚

1995　洛杉矶商业委员会，汉普斯蒂德住宅；威尼斯，加利福尼亚

1994　洛杉矶商业委员会，索尼音乐学院；圣莫尼卡，加利福尼亚

1994　洛杉矶商业委员会，沙托娱乐中心；洛杉矶，加利福尼亚

1994　洛杉矶商业委员会，舒曼住宅设计；洛杉矶，加利福尼亚

1994　洛杉矶商业委员会，纵横比例，洛杉矶，加利福尼亚

1989　洛杉矶商业委员会，恩里奇住宅；圣莫尼卡，加利福尼亚

1989　洛杉矶文化事务委员会，沙托娱乐中心；洛杉矶，加利福尼亚

精选建筑与工程项目
SELECTED BUILDINGS AND PROJECTS

122

注：黑体字所示为本书所介绍项目及完成时间

独立式小住宅（Single Family Houses）

2004　迪拜住宅，阿拉伯联合酋长国
2003　贝拉罗克住宅，洛杉矶，加利福尼亚
2003　列奥纳德住宅，洛杉矶，加利福尼亚

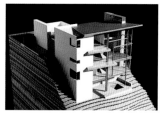

2003　埃尔利希住宅，威尼斯，加利福尼亚
2003　戈德斯特恩——伯特尔住宅，威尼斯，加利福尼亚
2003　波克申包姆住宅，贝佛里山，加利福尼亚

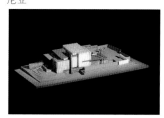

2002　罗耶住宅，威尼斯，加利福尼亚
2002　沃尔福格住宅，帕罗 阿尔托，加利福尼亚
2002　韦伯斯特住宅·威尼斯·加利福尼亚

2002　库富勒住宅，加利福尼亚

2001　渥斯克住宅（改建），圣莫尼卡，加利福尼亚

2000　峡谷住宅，洛杉矶，加利福尼亚
1999　罗维住宅，圣·路易斯安纳，加利福尼亚

1999　伍茨住宅（改建），圣莫尼卡,加利福尼亚
1998　纽特拉海滨住宅扩建，圣莫尼卡，加利福尼亚
1998　莫尼兹住宅，圣莫尼卡，加利福尼亚
1997　罗住宅，达埃蒙德巴，加利福尼亚
1997　里查德——埃伯特住宅，特路瑞得，科罗拉多
1996　哈亚希达住宅，神户，日本
1996　玛格林住宅（改建），克瑞斯伍德山，加利福尼亚
1995　玛沁格住宅（室内），圣巴巴拉，加利福尼亚
1995　法雷尔住宅，威尼斯，加利福尼亚
1994　诺瑞住宅，玛利布，加利福尼亚
1993　以色列住宅（改建），布兰特·伍德,加利福尼亚
1993　汉姆斯德住宅，威尼斯，加利福尼亚

1992　舒曼住宅，布兰特伍德，加利福尼亚

1991　杜罗克斯住宅，威尼斯，加利福尼亚

1991　杜罗克斯住宅，威尼斯，加利福尼亚

1991　戈德·弗里德曼住宅，圣莫尼卡，加利福尼亚

1991　詹森住宅，玛利布，加利福尼亚

1990　弗雷德曼住宅，克瑞斯伍德山，加利福尼亚

1990　埃尔曼／库伯斯住宅，圣莫尼卡，加利福尼亚

1990　奈斯本／弗里德曼住宅，布兰特.伍德，加利福尼亚

1990　奇尔特住宅，玛利布，加利福尼亚

1990　普拉特勒尔住宅，新苏格兰，纽约

1990　2311号海边住宅，威尼斯，加利福尼亚

1989　瑞珀住宅，威尼斯，加利福尼亚

1988　埃尔利希住宅，圣莫尼卡，加利福尼亚

1987　罗伯逊住宅，阳光谷，爱达荷州

1986　米勒－纳扎瑞住宅，洛杉矶，加利福尼亚

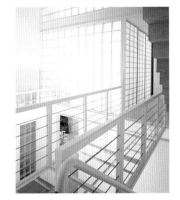

1986　富梯克－塔玛未来住宅，东京，日本（合作）

1984　威宁－多提住宅，兰伯威尔，新泽西州

1984　布查尔特－弗里德曼住宅，布兰特伍德，加利福尼亚

1982　赛姆勒住宅，玛利布，加利福尼亚

1981　罗伯逊住宅（改建），圣莫尼卡，加利福尼亚

1979　斯万住宅，斯考特谷，加利福尼亚

1974　卡瑞住宅，克瑞夫敦，佛蒙特

1974　凯茨住宅，达蒙斯顿，佛蒙特

1974　泰勒住宅，西威斯特明斯特，佛蒙特

1974　罗斯坦住宅，欧卡米登，摩洛哥

集合式住宅 (Multi-Family Residential)

2004　Lee集团中心街区住宅，圣彼德罗，加利福尼亚

2003　Lee集团圣彼德罗塔式阁楼，圣彼德罗，加利福尼亚

2002　海滨阁楼，威尼斯，加利福尼亚

1991　戴尔埃斯特公寓，考罗纳，加利福尼亚

1989　西加利福尼亚城市公寓，加利福尼亚

1985　桑坦斯住宅开发，里阿托，加利福尼亚

1972　新乡村住宅，玛瑞克奇，摩洛哥

艺术家工作室／美术馆 (Artist Studios/Galleries)

2003　奥兰琪海岸学院美术馆，加利福尼亚

1989　欧库利克工作室，威尼斯，加利福尼亚

1987　摩西斯工作室，威尼斯，加利福尼亚

1986　狄尔工作室，威尼斯，加利福尼亚

1981　卡尔夫斯工作室，好莱坞，加利福尼亚

影剧院 (Theatres)

2005　特卢瑞德演艺中心，加利福尼亚

2003　卡尔佛剧院，卡尔佛，加利福尼亚

1976　阿玛杜·拜勒大学剧场，扎瑞尔，尼日利亚

图书馆 (Labraries)

2004　韦斯特伍德市图书馆，洛杉矶，加利福尼亚

2003　恩契诺－塔扎纳图书分馆，洛杉矶，加利福尼亚

1999　拉丁美洲图书馆，圣何塞，加利福尼亚（合作）

1997　罗伯逊图书分馆，洛杉矶，加利福尼亚

1997　鲍尔·卡明斯图书馆，克劳斯罗德学校，圣莫尼卡，加利福尼亚

休闲中心 (Recreation)

1999　华盛顿青年联谊中心，圣何塞，加利福尼亚（合作）

1990　沙托休闲中心，洛杉矶，加利福尼亚

学校和社区 (Schools & Campuses)

2004　洛杉矶中心中学 #4 教学楼，学校联盟区，洛杉矶，加利福尼亚

2003　洛杉矶社区学院，埃特瓦特校区，洛杉矶，加利福尼亚

2003　圣伯纳蒂诺谷社区学院，圣伯纳蒂诺，加利福尼亚

2002　奥兰奇海岸学院艺术中心，考斯塔梅萨，加利福尼亚

2002　加利福尼亚大学洛杉矶分校东南演艺中心，洛杉矶，加利福尼亚

1998　梦幻SKG动画工作室，格兰代尔，加利福尼亚

1994　儿童托管中心，索尼音乐娱乐公司，卡尔佛，加利福尼亚

1992　索尼音乐娱乐公司西海岸总部中心，圣莫尼卡，加利福尼亚

多功能建筑 (Mixed Use)

2002　肯达尔广场医疗／实验大楼，坎布里奇，马萨诸塞州

2000　兰塔纳，东区和西区，圣莫尼卡，加利福尼亚

1998　TEN9FIFTY（改建），卡尔佛，加利福尼亚

1989　埃斯市场，威尼斯，加利福尼亚

1987　温德沃德艺术大楼，威尼斯，加利福尼亚

1988　云中漫步 (RACE THROUGH THE CLOUDS) 威尼斯，加利福尼亚

适应性改造 (Adaptive Reuse)

2001　凡·德·康伯·伯克里大楼－埃特瓦特区，洛杉矶，加利福尼亚

1998　加利福尼亚格兰特艺术中心大楼，圣阿纳，加利福尼亚（合作）

1998　华盛顿大街10865号，卡尔佛，加利福尼亚

1994　游戏展示网站，索尼图片娱乐中心，卡尔佛，加利福尼亚

参 考 文 献
SELECTED BIBLIOGRAPHY

Books

Steven Ehrlich Architects Rizzoli International Publications, Inc. New York 1998. Joseph Giovannini

Steven Ehrlich: Contemporary World Architects Rockport Publishers, Rockport, MA 1994. Eleanor Lynn Nesmith

Steven Ehrlich Architects - Casas CP 67. Kliczkowski, Madrid/Buenos Aires 1998. Oscar Riera Ojeda

Building A New Millennium Taschen, Cologne, Germany 1999 (Addition to Neutra Beach House)

Contemporary American Architects, Vol.I, IV Taschen, Cologne, Germany 1995, 1998. Philip Jodido

Contemporary California Architects, Vol. III Taschen, Cologne, Germany 1997. Philip Jodido

Modernism Reborn: Mid Century American Houses Universe, New York 2001. Michael Webb

The New American House 1 New York, Whitney, 1995. Oscar Riera Ojeda (Schulman House)

The New American House 3: Innovations in Residential Design and Construction. 30 Case Studies Whitney Library Design Publications. New York, NY 2001. James Grayson Trulove and Il Kim. (Canyon Residence)

Outdoor Rooms Gloucester, MA: Rockport 1998. Julie Taylor (Hempstead House)

Outside Architecture Gloucester, MA: Rizzoli International Publications, Inc. New York 1998. Zevon, Susan. (Gold-Friedman House)

Stunning Houses Loft Publications, Barcelona, Spain 1999

Interior Spaces of the USA and Canada Volume 5 Melbourne, 2001

Periodicals

Abitare July/August 1999 Addition to Neutra Beach House; April 1990 Windward Circle Redevelopment

A+U #356 May 2000 Addition to Neutra Beach House and Canyon Residence

AIA Journal December 1982 Kalfus Studio

Architecture May 1998 Robertson Branch Library; September 1991 Shatto Recreation Center; June 1987 Futiko– Tamagowan;

Architecture California January 1983 Kalfus Studio; 1984 Ahmadu Bello University

Architectural Digest May 1996 Moses Studio; August 1995 Farrell House; October 1993 Schulman Residence

Architectural Record November 2000 Kendall Square; October 2000 Biblioteca Latinoamericana; February 1999 Ten9Fifty; August 1998 Addition to Neutra Beach House; September 1996 Bus Wellness Center; February 1995 GameShow Network

Architectural Review November 1998 Paul Cummins Library at Crossroads School; October 1998 Addition to Neutra Beach House; July 1994 Ehrman-Coombs House and Schulman Residence

DOMUS No. 667, December 1985 Robertson House and Swann House

GA Houses #71 Wosk Residence; #70 Ehrlich Residence; #62 Canyon Residence; #59 St. John Residence; #58 Woods Residence; #56 Addition to Neutra Beach House; #55 Canyon Residence; #49 Douroux House; #44 Farrell Residence; #39 Hempstead Residence, Schulman Residence & Ehrman-Coombs House; #21 Friedman House; #15 Kalfus Studio

Home Style October 2001 Canyon Residence

House Beautiful November 1998 Addition to Neutra Beach House

Interior Design November 1993 Sony Music Entertainment West Coast Headquarters

L.A. Architect September/October 2000 Biblioteca Latinoamericana; March/April 2000 Ten9Sixfive—Architects' Studio; April 1995 Child Care Center

L'ARCA June 1998 Robertson Branch Library; May 1997 Paul Cummins Library at Crossroads School; June 1997 Bus Wellness Center; April 1996 Child Care Center; September 1994 Schulman House; March 1994 Sony Music Entertainment West Coast Headquarters

Los Angeles Times February 27, 1999 Grand Central Arts Building; July 7, 1997 Robertson Branch Library; September 22, 1996 DreamWorks SKG Animation Studios; March 27, 1994 Hempstead House; September 13, 1992 Gold–Friedman House; March 15, 1992 Shatto Recreation Center; February 7, 1988 Moses Studio; December 13, 1981 Kalfus Studio

Metropolis October 1995 Child Care Center

Metropolitan Home November/December 2000 Woods Residence; May/June 1998 Lo House; May/June 1994 Hempstead House; September 1982 Kalfus Studio

Newsweek October 5, 1992 Shatto Recreation Center

The New York Times February 2002 Beach Lofts, Venice, California; June 18, 1998 Addition to Neutra Beach House; April 8, 1982 Kalfus Studio

Orange County Register February 2002 Orange Coast College, Orange Coast, California

Towne & Country August 1999 Addition to Neutra Beach House

Wall Street Journal December 13,1996 Schulman Residence

致　谢
ACKNOWLEDGMENTS

首先，我最想感谢的是刊登在本书上住宅的所有客户。他们在请我合作建造他们住所时给予了高度的信任，我感谢他们的信赖。

我要感谢斯蒂文·埃尔利希事务所优秀而敬业的工作团队。首先是负责人詹姆斯·施密特，自1990年起他就与我在住宅项目上合作。我也要感谢负责人塞西里·杨、托马斯·扎尔顿，以及建筑小组成员亚利克·莱顿、托马斯·汗雷、加斯丁·布雷彻尔、乔治·伊利安、马休·詹尼和埃德·洛伦对这些项目的重要贡献。我也要感谢我们所有的模型制作者们。还有过去的职员M·查尔斯·伯恩斯坦以及加利·阿尔佐纳、约翰·吉拉德以及玛丽·肯姆，他们一起为舒尔曼住宅做出了贡献。同时，还要感谢我们的辅助员工，特别是塔米·泰勒、克里斯蒂娜·蒙蒂和纳塔莉·托伦斯。

我要感谢承包商们，是他们让这些房子建造起来并大放异彩。他们是马克·西拉梅克、温特斯·希拉姆、董·拉丁希拉格、桑切兹兄弟、艾略特·普拉泽尔和肯·罗耶尔。

我钦佩和欣赏迈克尔·韦伯有思想性、见解深刻而有启发性的行文，以及巧妙抓住形式与空间本质的所有摄影师们，他们包括：汤姆·博纳、格雷·克劳夫德、丹尼斯·弗莱佩尔、梅尔巴·莱维克、爱德华·林顿、托马斯·鲁夫、劳伦斯·曼宁、朱利斯·舒尔曼／大卫·格罗姆以及艾伦·温乔布。此外，我还要感谢一流的三维图像专家克雷格·希玛哈拉与卡马龙·克罗吉特。

最后，我深深地感激Images出版集团的出版商保罗·拉希姆(Paul A Latham)和阿莱西那·布鲁克斯(Alessina R Brooks)。他们及他们的工作组不知疲倦的将本书编排了出来。我也想感谢设计师罗德·吉尔伯特，能很荣幸地与他合作。也感谢图片编排者乔迪·戴维斯。

IMAGE CREDITS

Photographers

Alia: 118
Tom Bonner: 22; 55 (top right); 55 (bottom); 75; 76–77; 80; 82; 84; 85; 115
Greg Cloud: 55 (models)
Grey Crawford: 122 (Lowe, Hempsted); 123 (Gold-Friedman)
Christopher Dow: 123 (Miller)
East West Photo Color Inc.: 123 (Futiko Tamagowan)
Dennis Freppel: 101; 104; 105; 106–107; 109; 111; 122 (Leonard and Boxenbaum)
Melba Levick: 122 (Wosk)
John Linden: 55 (top left); 56; 66–72
Thomas Loof: Cover; 6; 88–89; 92–93; 94–99
Lawrence Manning: 12; 13; 16; 50–53; 118 (right)
Luckman Studios/UCLA Archive: 54
Julius Shulman/David Glomb: 3; 57
Tim Street-Porter: 61–65
Alan Weintraub: 23–28; 81; 83

Computer Images

Craig Shimahara: 13; 15; 18–21; 31–33; 36–37; 39; 42–43; 45–47
Cameron Crocket: 86 (right); 87

Digital Plans/Sections

Justin Brechtel
Edward Rolen

Freehand Sketches

Steven Ehrlich

128

Every effort has been made to trace the original
source of copyright material contained in this book.
The publishers would be pleased to hear from
copyright holders to rectify any errors or omissions.

The information and illustrations have been
prepared and supplied by Steven Ehrlich and
Michael Webb. While all efforts have been made
to source the required information and ensure
accuracy, the publishers do not, under any
circumstances, accept responsibility for errors,
omissions and representations express or implied.